JN111912

暮らしに役立つ36　　　　　　　　とテンプレート

Notion
ライフハック

Notion アンバサダー

Rei 著

SHOEISHA

はじめに

社会人の僕が、Notionと出会うまで

　はじめまして。僕は東京で働く27歳で、忙しい毎日を生きる皆さんと同じ、ごく普通の社会人です。突然ですが、皆さんは「Notion」というサービスをご存じでしょうか。この本を手に取ってくださった方の中には、「ほんの少し聞いたことがある」という方も多いかもしれません。

　僕がNotionと出会ったのは2018年の末頃。NotionのWebサイトには「All-in-one workspace」と書かれていました。当時広告代理店で働いていた僕は、目まぐるしい毎日の中で大量の情報やタスクに頭を悩ませており、すがるようにNotionを使い始めたのを覚えています。

　働き方改革の過渡期だった当時の職場は、本当にさまざまなツールであふれていました。同じ会社にもかかわらず、Googleを使っているチームがあれば、Dropboxを使っているチームがあったり。PowerPointを使う同僚がいれば、Keynoteにこだわる先輩がいたり。仕事の依頼はWordで送ってくるにもかかわらず、打ち合わせでは紙の印刷を求めてくるクライアントがいたり。そんなさまざまな情報をまとめながら、プロジェクトを前に進めていく必要がありました。

　毎日仕事でヘトヘトになっていた当時の僕は、プライベートまで酷いものでした。毎月の支払いを把握せずに飲み会へ行き、限度額ギリギリまでクレジットカードを使ってしまったり。やろうやろうと意気込んだ自炊が失敗に終わり、毎日コンビニ弁当を食べて過ごしてしまったり。SNSで見かける"丁寧な暮らし"ってどうすれば実現できるのだろうと思いながら、ただただ目の前に振り回される日々を送っていました。

　社会人って難しい。普通に働いて暮らすことがこんなにも難しいなんて。そうやって忙しい毎日に押しつぶされていたとき、どうにかこの状況を打開できないかといろんなサービスを渡り歩きました。あふれるタスク、情報、仕事。それらを整理するための、広い机のような場所

が欲しかったのです。海外のサービスを転々としていたある日、僕はNotionと出会いました。

　Notionは別々の機能を持つサービスや、散らばった情報をひとつにまとめることができる、当時の僕にとって夢のようなサービスでした。さらに機能が多いだけでなく、シンプルなデザインであることが魅力です。煩雑な毎日の仕事やプライベートの情報が少しずつ整理され、それらが綺麗な状態で一箇所に収まった時、僕はすっかりNotionの虜になっていました。

　忙しい社会人には、仕事に加えて人間関係や引越し、結婚、子育てなど、ライフステージに応じてさまざまなビッグイベントが降りかかります。これらは本当に大変なことです。みんな清々しい顔でこなしているように見えて、実際は全身に傷を負いながら、必死で立っているような状態ではないでしょうか。この本では、そんな毎日を少しでも前に、楽に進めるために、僕が試行錯誤した数年間の工夫を解説していきます。

　Notionについて解説されているWebや書籍はいくつかありますが、本書ではそういった操作の解説は最小限に、今日から使うことのできる具体的な活用法と、そのテンプレートの使い方について解説していきます。

　Notionをまだ知らない方も、これからもっと使いこなしたいという方も。今日から役に立つような情報をたくさん詰めてお届けします。この本が忙しいあなたの毎日に、少しでも役に立つことを祈って。

本書の使い方

　本書のChapter2以降、Notionの「定番」の使い方から、「タスク管理」、「メモ・ノート」、「暮らし」、「お金」、「仕事」、「Notion AI」の7つのジャンルに分けてNotionの活用方法をご紹介していきます。もちろん、すべてのページをテンプレートとして複製可能です。テンプレートの活用法については、1.6を参照してください。

　各節では、はじめに「ページの概要」を、2ページ目以降では「テンプレートの使い方」を紹介します。最初にページの全体像や便利なポイントを理解していただき、具体的なページの使い方や活用方法を一緒に見ていきましょう。

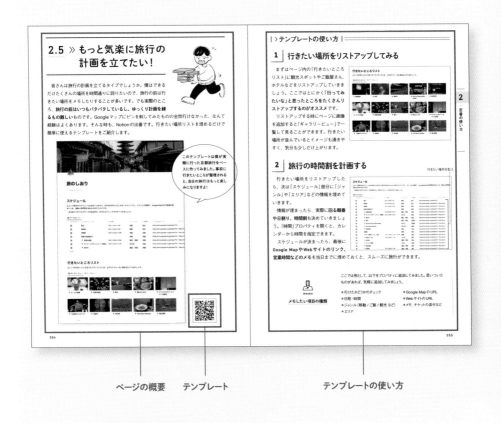

ページの概要　　テンプレート　　　　　　テンプレートの使い方

memo

テンプレートの使い方はあなた次第！

本書で紹介するのはあくまで一例です。使い方が理解できたらぜひ、テンプレートを活用して自分流にどんどんアレンジしてみてください。 本書とすべてのテンプレートが、皆さんの暮らしをちょっと楽にしてくれることを願っています。

テンプレートの使い方

まとめ

CONTENTS

Chapter 1
Notion を始めよう

Chapter 2
定番の使い方

Chapter 3
タスク管理

Chapter 4
メモ・ノート

Chapter 5
暮らし

Chapter 6
お金

Chapter 7
仕事

Chapter 8
Notion AI

≫ Chapter

1

Notionを
始めよう

1.1 》 Notionってそもそも必要?

僕らはなぜNotionを使うのか

　以前から僕は、Notionという素晴らしいツールの存在を知ってもらうために「Notionアンバサダー」として使い方や活用法を発信してきました。最近は「Notionって何?」と聞かれる機会も減ってきて、皆さんの生活にNotionが少しずつ馴染んできているのを感じています。

　そんな活動をしていると、たまに**「Notionってなんで必要なの?」**と聞かれることがあります。本書では、これからNotionの具体的な活用方法をたくさんご紹介していきますが、その前にまず、Notionのようなツールがなぜ必要なのか、いくつかのポイントに分けてご紹介したいと思います。

紙のメモでなく、デジタルなメモがいい

　Notionの代表的な使い方は、なんといってもメモを取ることです。皆さんは去年見た映画の内容を覚えているでしょうか。先月食べた美味しいご飯や、綺麗だと感じた景色、感銘を受けた講義、プライベートな友人関係の悩みなど。そんな毎日の記憶を鮮明に残すためには、メモ帳があると便利です。少ししたら忘れてしまうかもしれないことも、自分の大切な記憶として残しておくことができます。

　紙に比べてデジタルなメモがよいところは、いつまでも残ること。僕が学生の時「引越しの荷物になるから」と捨ててしまったあのノートは、もう読み返すことができません。もちろん、デジタルなデータも永遠に残り続けるという保証はありませんが、少なくとも生活の変化によって失ってしまうことは少ないのではないでしょうか。

　真っ白な見た目のNotionですが、ただのメモ帳ではありません。用途に合わせて、勉強のためのノートや、毎日を記録する日記、スケジュールを管理する手帳、タスクを管理する付箋の代わりにもなってくれます。皆さんが普段使っているいくつもの文房具は、もしかしたらすべてNotionに置き換えることができるかもしれません。シンプルに見えて、何でもできるすごいヤツなのです。

忘れた時に、すぐに使える備忘録が必要

　たまにしか経験しないことは、時間が経つと忘れてしまうものです。そういった物事は、ナレッジとしてまとめておく場所を作ると繰り返し悩むことが減ります。

　Notion を備忘録として活用するメリットのひとつは、そのページを別の人に共有できることです。もし身近な人に「初めて引越しをする」という人がいた時、自分が作ったページを共有すれば、その人の役に立つかもしれません。

また、情報の「探しやすさ」もNotionの特徴のひとつです。もしナレッジを溜めておいたとしても、必要な時にそのページにたどり着けないと意味がありません。Notionではページの名前の検索はもちろん、「タグ」「ステータス」「日付」など、オリジナルの目印をつけることで、スムーズに探したい情報を見つけることができます。

データの形式、多すぎ問題

さまざまな情報やツールを扱う必要がある今、どこに何があるかわからなくなってしまった経験は誰にでもあると思います。仕事のやり取りだけでも、メールやSlackのメッセージ、紙の書類、Google ドライブのURL、ミーティングの映像データなど、形式の違うデータが各サービスにどんどんと分散してしまうものです。

そんな時もNotionの出番です。Notionのコンセプトは「All-in-one workspace」。つまり、**Notionはたくさんのツールやデータをひとつにまとめて、一箇所で管理することが得意なサービスです。**

データの形式が違っても問題ありません。PDF、文章、動画などのローカルなデータから、GoogleマップやYouTube、Figmaなどのオンラインのサービスまで、さまざまなデータを埋め込むことができます。

　見た目も自由にレイアウトできるので、色でページを区切ってみたり、気分の上がるアイコンを使ってみたり、本棚のようにラベリングしたりと、わかりやすく整理できます。また、どんなにデータが多くなっても、Notionには無限の収納スペースがあるので安心です。

使うアプリを、もっとシンプルに

　自由度が高く、どこまでもカスタマイズできるNotionは、「ノーコードツール」と呼ばれることがあります。「ノーコード」とは、プログラミング不要のアプリ・Webサービス作りのことです。NotionはExcelのように関数を用いた計算をしたり、大量のデータを扱ったり、外部サービスと連携する……といったことが得意なので、特定のアプリやWebサービスと同じようなことができてしまいます。

　例えば、映画アプリのように観た映画を記録したり、家計簿アプリのように毎月の出費を計算したり。日記、料理、スケジュール管理と、使い方は千差万別です。使い方次第で、Notionはさまざまなアプリに姿を変えます。

　皆さんのスマートフォンの中にはいくつもアプリが入っていると思いますが、Notionはたったひとつでそれらを置き換えることができるかもしれません。本書で紹介するたくさんの活用法を通じて、ぜひ自分だけのNotionの使い方を見つけてみてください。

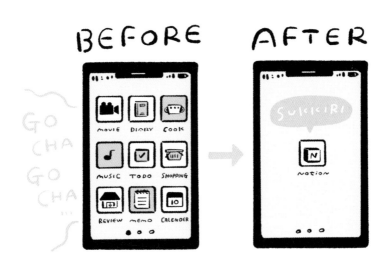

1.2 ≫ Notionが 選ばれる理由とは

　学生から社会人まで、今や多くの人に愛されているNotion。デジタル上のメモツールはいくつもありますが、一体なぜこれほど人気なのでしょうか。ここでは、僕が暮らしの中で実際に使って感じる、Notionが選ばれる理由をご紹介します。

1 ｜ さまざまなツールがひとつに

　皆さんは、仕事やプライベートでどのようなツールを使っているでしょうか。例えば、スケジュールはGoogleカレンダーで管理をして、会議の議事録はSlackにメモをし、プロジェクトのタスク管理はスプレッドシート……といったように、**複数のツールを横断している方がいたら、ぜひNotionを使ってみてください**。Notionならそのようなさまざまなツールをひとつのアプリで補うことができます。

メモ・ドキュメントツールとして

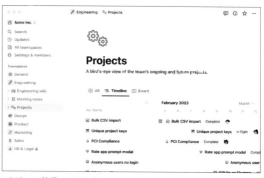

スケジュール管理ツールとして

memo

**例えばこんなツールが
ひとつにまとまる！**

- 個人的なメモや
  議事録用のメモアプリ
- チームのためのタスク管理ツール
- 長期プロジェクトの
  スケジュール管理ツール
- ナレッジを集めるためのWikiツール

タスク管理ツールとして

Wikiツールとして

2 シンプルなデザイン

　「デザインがよいからApple製品を使っている」という方をよく見かけます。Apple製品は機能性だけでなく、そのシンプルなデザインも魅力です。僕はNotionにも同じような魅力を感じます。

　「デザインがよく、使っていて気持ちがいい」 というのは、小さなことに見えて意外と大切な要素。もしメモアプリを開いた時、なんだか古びたデザインだったり、色が多くてごちゃごちゃしていたりしたら、気持ちよく使うことができません。

　実はNotionでは、このデザイン性に重きを置いています。2022年には日本の**グッドデザイン賞**も受賞しており、そのデザイン性の高さが評価されています。NotionのWebサイトひとつを取ってみても、シンプルなUIや目に優しい色合い、ユニークなイラストなど、細部にまで気を配って作られていることが伝わってきますね。

グッドデザイン賞（https://www.g-mark.org/gallery/winners/13781）

NotionのWebサイト（https://www.notion.so/）

京都から着想を得た
Notion のデザイン

Notion のシンプルなデザインは、実は日本の京都がヒント
になったといわれています。CEO と CTO が京都で開発合宿
をした時に感じた「わび・さび」や、「おもてなし」の文化
がデザインに活かされているのだとか。日本人として誇らし
い気持ちになりますね。

CEO Ivan の投稿

3 | 使う端末を選ばない

いざ「使いやすい」と感じても、端末を横断して使えないサービスや、課金が必要なサービスは意外とたくさんあります。パソコンやスマートフォンなど、複数の端末を持つことが当たり前になった今、別の端末で使えないのは少しストレスを感じます。僕もNotion を使う前は Evernote というアプリを使っていたのですが、これが理由で Notion に乗り換えることを決めたほどです。

Notion は、Mac や Windows で使えるブラウザ版はもちろん、iPhone、iPad、Android などで使えるアプリ版もあり、さまざまな端末からアクセスできます。しかも、その機能のために課金は必要ありません。

Mac・Windows (https://www.notion.so/desktop)

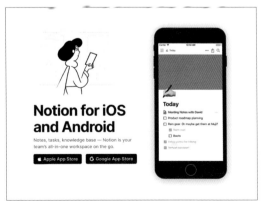

iOS・Android (https://www.notion.so/mobile)

4 | 誰かと一緒に使うことができる

　Notion は**ページを共有したり、一緒に編集したりする**機能が豊富です。自分が書いたメモを友達に URL で共有したり、友達と旅行に行く時は自分のページに招待して、旅のしおりを一緒に作ったりすることもできます。

　これは、プライベートはもちろん、職場など仕事で使う場合にもとても便利な機能です。例えば、プロジェクトのメンバーにスケジュールをシェアしたり、一緒にブレストをしたり、議事録を書きながら会議をしたりすることもできます。**メンバーのアイコンが動くため「今どこを編集しているか」が視覚的にわかるのもポイント**です。

複数人でリアルタイムに編集可能

　この本でご紹介する「テンプレート」は、まさにこのシェア機能を活用したものです。僕が作った Notion のページをこうして皆さんにシェアすることで、皆さんが同じページをそのまま複製できるようになっています。引越しのやることリストや、習慣化しやすい日記など、誰かが作ってくれたページをそのまま活用できたら、暮らしが少しだけ便利になるかもしれません。

ページはさまざまな権限で共有できる

5 | 価格が安い

　ここまでNotionの魅力的な機能を説明してきました。でも、これほど魅力的な機能が揃っているサービスは、一般的に利用料も高いものです。しかし、Notionはここまでご紹介した**ほとんどの機能を無料で使うことができます**。「とりあえず使ってみよう」とすぐに一歩踏み出すことができるのも魅力のひとつです。

　もしもチームでもっと本格的に使ってみたい場合は、有料プランを活用することでより大きなサイズのデータをアップしたり、セキュリティの問題を解消したりすることもできます。

　また、Notionは教育の現場やスタートアップの支援に力を入れているので、一部の有料機能を無料で使えたり、有料版を試せたりもします。気になる方はホームページをチェックしてみてください。

プラン別機能比較

※書籍発売時点のプランです

◎ プランの詳細について（https://www.notion.so/ja-jp/pricing）
◎ 学生・教育関係者について（https://www.notion.so/ja-jp/product/notion-for-education）
◎ スタートアップについて（https://www.notion.so/ja-jp/startups）

1.3 》 Notionを始めてみよう～ ページとブロックの使い方

登録して使ってみよう

それでは、さっそくNotionを登録して使ってみましょう。Notionはブラウザ版とアプリ版がありますが、ここではブラウザ版で登録する手順について説明していきます。

memo

Notionの公式サイトは
こちらから。

1. Notionの公式サイトから、日本語の場合は「Notionを無料で入手」、英語の場合は「Get Notion free」をクリックします。

2. 続いてメールアドレスを入力しましょう。GoogleアカウントやApple IDで登録をおこなうと、その後の氏名やパスワードの入力を省略できます。

3. 登録したメールアドレスにメールが届いたら、ログインコードを入力しましょう。

4. 使い方に合う用途を選択してください。ここでは例として「個人で利用」を選択します（はじめに用意されるページが変わるのみで、どれを選んでも機能や使い方が変わることはありません）。

5. 職業、役職、使う目的を入力しましょう。

6. 最初のページが表示されたら、準備完了です。

memo
Notionの画面の見方

Notionでは画面左側のバーを「サイドバー」、画面中央を「ページ」と呼びます。サイドバーではページの一覧や階層を確認でき、ページでは実際にメモを書き進めることができます。

サイドバー　　　　　　　　ページ

「ページ」を作ってみよう

Notionに登録できたら、まずは記念すべき最初のページを作ってみましょう。Notionでは、**メモの一つひとつを「ページ」と呼びます。**

サイドバーにある「+新規ページ」もしくは「ページを追加」を押して、ページを新しく追加してみてください。タイトルには「日記」や「TODO」など、そのページをどんな用途で使いたいかを書いてみましょう。

🔍 検索
⟳ 更新一覧
⚙ 設定
⊕ 新規ページ　　　新規ページを作成します
› 📖 **使ってみる**
› 📌 クイックメモ
› 👤 Personal Home
› 📕 日記
› 📗 リーディングリスト
＋ ページを追加

ページの中にページを追加することも

Notionには、ページを保存したり整理したりするための「フォルダ」という機能はありません。その代わり、**ページの中にさらにページを作っていく「階層」という仕組みがあります。**この階層を利用して**ページを整理したり、組み合わせたりすることができます。**

例えば、「仕事」というページの中に「プロジェクト管理」というページを作り、さらにそのページの中に「○○プロジェクト」「■■プロジェクト」といった細かいページを作っていくイメージです。この階層の数には制限がないので、ページの中にページをどんどん追加していけば、無限に階層を作ることもできます。

ブロックを使いこなそう

Notionは、テキストだけでなく画像を入れたり、表を入れたり、動画や地図を埋め込んだりすることができるのが特徴です。このページに入れ込めるコンテンツのことを「ブロック」と呼んでいます。

レゴブロックに例えられることが多い、この「ブロック」機能。レゴのように**自由に組み立てたり、簡単に入れ替えたりすることができます**。

上から下に1列に配置していくこともできれば、2列、3列にすることも。一度配置したブロックは、ドラッグ＆ドロップで簡単に組み替えることもできます。感覚的にブロックを配置できるので、自由にページを作れます。

テキスト
ブロック

TO DOリスト
ブロック

トグルリスト
ブロック

画像
ブロック

動画
ブロック

ブロックの種類を見てみよう

ブロックにはたくさんの種類があります。その数なんと50個以上。テキストだけでなく、見出しやTODOリスト、さまざまなタイプの表、連携ツールの埋め込みなどがあります。機能の異なるブロックのおかげで、いろいろなページを作ることができます。

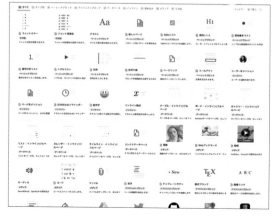

ブロックを追加してみよう

　それでは実際に、ページの中にブロックを追加してみましょう。テキストはページの中にカーソルを合わせることで、シンプルに打ち込むことができます。

　ブロックを追加する時は、カーソルを合わせると出てくる「＋」のボタンを押してみましょう。メニューが表示されたら、好きなブロックを選択できます。さまざまなブロックを組み合わせて、いろんなレイアウトのページを作ってみましょう。

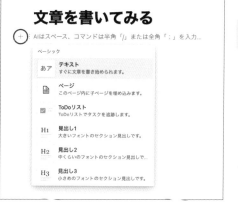

memo
ショートカットで素早く追加

「＋」ボタンの代わりに、キーボードの半角スラッシュ「/」または全角セミコロン「；」で同じようにブロックを選択できます。慣れてくると素早くページに追加できるようになります。

ブロックを並べ替えよう

　ブロックの上にカーソルを置くと、「⠿」のマーク（ブロックハンドル）が表示されます。このマークを長押ししてドラッグすることで、ブロックの順番を並べ替えたり、列の端に持ってくるとレイアウトを2列、3列と変更できたりします。

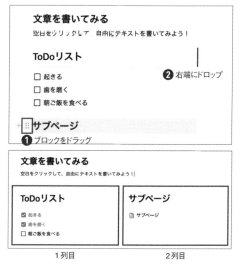

1.4 » データベースを知ろう ～基本的な使い方

ページが集まってデータベースになる

　Notionの一番の特徴は、この「データベース」です。**データベースとは、ページを入れるための本棚のような場所**です。ページをいくつも無造作に作ってしまうと、あとから探したい時に探しにくく、見つけるのも難しいものです。データベースにはそんな大量のページを整理したり、一覧できる機能があります。

データベースを作ってみよう

　それでは、実際にデータベースを作ってみましょう。ページの中にカーソルを合わせて「＋」ボタンを押すと、挿入できるデータベースが選べます。データベースには複数の種類がありますが、あとから簡単に変更できます。ここでは例として「データベース：インライン」を選択してみましょう。

　すると、このような表が作成されます。見た目はExcelのようなシンプルな表に見えますが、**データベースとは、いわばページの集まり**です。それぞれの行を選択すると各ページの中身も開くことができ、行の一つひとつがページになっていることがわかります。

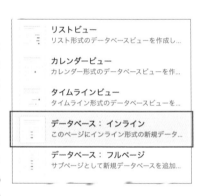

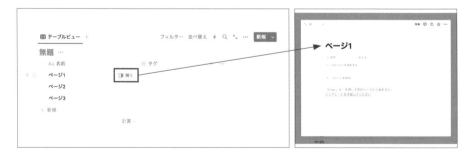

データベースの「ビュー」は6種類

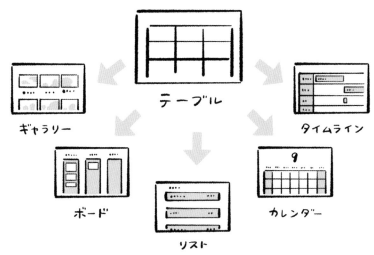

ビューの種類と特徴

　データベースは、先ほど作った「テーブルビュー」というシンプルな表だけでなく、さまざまな見た目に変更できます。その数はなんと6種類。**この変更できる見た目のことを、「ビュー」と呼んでいます。**

　たくさんの情報を見たい時は「テーブルビュー」、スケジュールをカレンダー形式で見たい時は「カレンダービュー」、画像を一覧で見たい時は「ギャラリービュー」といったように、用途に合わせて変更ができます。見た目が大きく変わりますが、元になるデータの中身は一緒。**「テーブルビュー」がさまざまな見た目に変化するようなイメージです。**

①表で一覧できる「テーブル」

投稿管理・分析

ここに投稿のアイデアをメモし、スケジュールを決めて進捗を管理します。投稿後の分析もここで行えます。

▦ テーブルビュー　▦ ギャラリービュー

プラットフォーム	☰ 投稿アイデア	☰ ステータス	☰ 補足	☰ ジャンル
Instagram	Notionの使い方〜初心者編〜	投稿済み	初めてNotionを使う人向けの紹介	Notionの使い方
Instagram	Notionを使いこなすコツ 5選	投稿済み		Notionコツ
Instagram	Notionデザインアイデア 5選	作成中		Notionコツ
Instagram	Notionホーム画面 徹底解説	投稿済み		Notion活用法
Instagram	僕がNotionで管理していること	未対応		Notion活用法
Instagram	カバンの中身紹介	未対応		ガジェット紹介
Instagram	SNSプランナーページ紹介	未対応		Notionページ紹介

②最もシンプルな「リスト」

ToDoリスト パターン⑤

☰ リストビュー

📄 TODO①	会う	6月1日
📄 TODO②	会う	6月1日
📄 TODO③	会う	6月1日
📄 TODO④	食べる	6月1日
📄 TODO⑤	食べる	6月10日
📄 TODO⑥	食べる	6月1日
📄 TODO⑦	買う	6月1日
📄 TODO⑧	買う	6月1日
📄 TODO⑨	行く	6月1日

③タスク管理に適した「ボード」

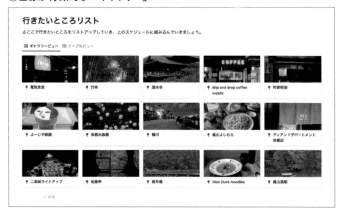

④画像が特徴的な「ギャラリー」

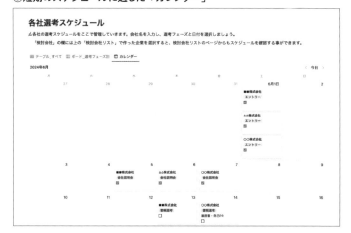

⑤短期のスケジュールに適した「カレンダー」

⑥長期のスケジュールに適した「タイムライン」

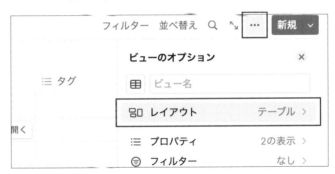

ビューを変更してみよう

　それでは、先ほど作った「テーブルビュー」のビューを変更してみましょう。ビューを変更するには、データベース右上の「…」ボタンのオプションを開いて、「レイアウト」を選択します。

　ここで出てくる6つの選択肢が、変更できる「ビュー」です。ここで好きなビューを選択することで、データベースの見た目を変更できます。ぜひ、用途に合いそうなビューに変更してみましょう。

1.5 》 もっとデータベースを使いこなすコツ

Notionのデータベースには、たくさんのページを整理するためにさまざまな機能があります。ここでは、本書で紹介するテンプレートに使われている機能や、もっとテンプレートを使いこなすための活用法を厳選して紹介します。

ページを整理するための「プロパティ」

本屋さんには数えきれない程の本が並んでいますが、欲しい本をすんなりと見つけることができます。これは、出版社や著者ごとにインデックスで分かれており、本が整理されているからです。Notionのデータベースでもこのインデックスと同じように、ページを整理するための「プロパティ」という機能があります。

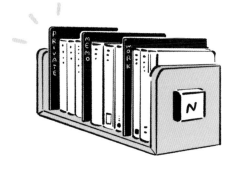

プロパティは、データベースのページ一つひとつに「タグ」や「日付」などの情報を追加できる機能です。**ページにプロパティを加えることで、ページの数が莫大になってしまっても簡単に整理できます。**

プロパティはデータベースの右端の「+」ボタン、または詳細ボタンから追加でき、その種類はさまざまです。「テキスト」「数値」「セレクト」「日付」「チェックボックス」など、それぞれのデータベースに合ったプロパティを選ぶことができます。

順番を変更できる「並べ替え」

　データベースのページが増えてきたら、順番を並べ替えることでもっと見やすくなるかもしれません。Notionには作成したプロパティを基準にしてページの順番を変更する「並べ替え」という機能があります。この並べ替えを使うと、**「優先度」や「日付」、「ステータス」などでページを種類ごとに並べ替えることができます。**

並べ替えボタンで並べ替えられる

　データベース右上の「並べ替え」ボタンを押してみましょう。すると、並べ替えの基準にできるプロパティが表示されます。ここでは例として「ステータス」を選択し、「昇順」を選択します。すると、ページをステータス順に並べ替えることができました。

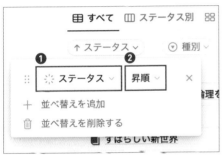

必要なものだけ表示できる「フィルター」

　データベースのページが膨大になると、ページを探すのも大変になってきます。そんな時は**「フィルター」を使って、必要なものだけを表示させてみましょう。**例えば、「ステータス」が「未完了」のページだけを表示させたり、「日付」が「今月」のページだけを表示させるといった使い方ができます。

フィルターボタンで絞り込める

データベース右上の「フィルター」を押してみましょう。続いて絞り込むルールを決めていきます。ここでは例として、評価が「★★★★★」を含む、というフィルターを作ってみました。すると、条件に合うものだけに絞って表示させることができました。

絞りたい基準を選択すると、それに合わせて表示される

プロパティごとに分けて表示できる「グループ」

例えば「日記を月ごとに表示したい」という時や、「連絡先を会社ごとに表示したい」という時があります。そんな時は「**グループ」の機能を使うことで、付けたプロパティごとにページを分けて表示**できます。

グループを作る時は、データベース右上の「…」ボタンのオプションから「グループ」を選択します。するとグループ化の基準にするプロパティが選択できるので、グループで表示したいプロパティを選択しましょう。ここでは例として、ページをコンテンツの種別でグループ化しています。

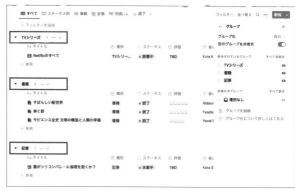

選んだプロパティごとにグループ化できる

2つのデータベースをつなげる「リレーション」

Notionでは、2つのデータベースをつなげることもできます。例えば料理のレシピを管理するページで、「レシピ一覧」のデータベースと「材料一覧」のデータベースを作ってつなげると、レシピを追加する時に必要な材料を選択できます。

このように**データベースをつなげる時は「リレーション」という機能を使います。**新しくプロパティを追加して「リレーション」を選択したら、つなげたいデータベースを選択して「リレーションを追加」ボタンを押します。追加された各ページの欄を押すと、つなげた先のページが選択できるようになります。

もしつなげた先のページのプロパティも一緒に表示したい場合は、リレーションに加えて「ロールアップ」というプロパティを追加してみましょう。

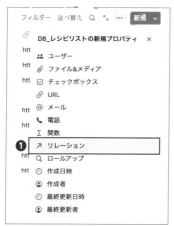
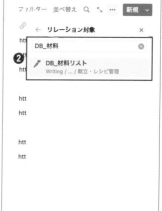

リレーションを選択し、つなげたいデータベースを選択する

同じデータベースを別の場所に表示する「リンクドビュー」

よく使うページをまとめたホーム画面を作る時などに**「既に作ったデータベースを違うページにも表示したい」**と思う時があります。そんなわがままをかなえてくれるのが、「リンクドビュー」という機能です。別のページに、元のデータベースとリンクさせたビューを配置できます。

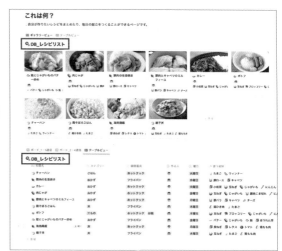

同じデータベースを複数の場所に表示できる

使い方は非常にシンプル。リンクさせたいデータベースを選択し、「ビューのリンクをコピー」をクリックします。そして別のページにペーストし「データベースのリンクドビューを作成する」を選択すると、先ほどのデータベースを別の場所にも表示できます。もちろん**データベースはリンクしているので、どちらから更新しても OK** です。

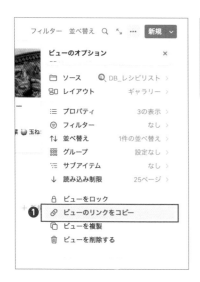

1.6 ≫ テンプレートを 活用しよう!

　ここまでNotionの魅力や使い方をお伝えしてきましたが、**一番大切なことは「Notionの機能を細かく理解すること」ではなく、「Notionでどんなことを実現したいか」**です。

　といっても、いざ真っ白な画面を目の前にすると、どんなページを作ればいいのやら……さっぱり手が動かない方もいるかもしれません。Notionは機能が豊富で何でもできるが故に、どのように使えばいいか迷ってしまう方も多いサービスです。またアイデアだけでなく、見やすいレイアウトを作るのもちょっとコツがいりそうです。

　そんな時に役立つのが、本書のここから先のパートです。**残りのパートはすべて「Notionの具体的な活用方法」**になっています。僕がこれまで使ってきたNotionのページのすべてを、解説や使い方とともにご紹介していきます。

　さらに、すべてのページには**「テンプレート」**を用意しました。テンプレートを活用すれば、なんと**皆さんのNotionにページをそのまま複製することができます。**気に入ったページがあったら、まずは自分のアカウントにコピーしてみましょう。そして本書を片手に、実際にNotionを触ってみてください。

テンプレートを複製してみよう

　テンプレートは、各ページの右下のQRコードから簡単に複製できます。

テンプレートのダウンロード方法

1. スマートフォンやタブレットで
   QRコードを読み取ります。

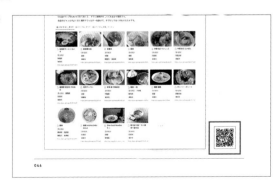

2. 読み取ると、そのNotionのテンプレートページが表示されます。

3. ページ右上の「複製」ボタンを押しましょう。

4. 皆さんのNotionにページが複製されました。これで、自由にページを編集できます。

編集可能な状態で複製される

memo
複製する時のコツ

本書で複製するたくさんのテンプレートを、一箇所にまとめて整理するためのテンプレートも用意しました！併せて活用してみてください。

≫ Chapter

2

<u>定番の使い方</u>

2.1 » メモが取りやすくなる環境を考える

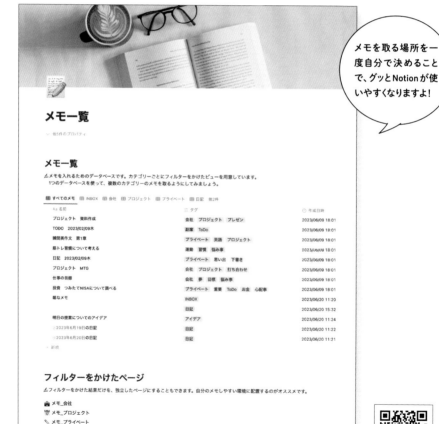

　ここまで具体的な機能について解説してきましたが、それでもNotion は真っ白で、使い方はユーザー次第なサービスです。「メモの取り方はこれで合っているの？」と手探りで使い始める方も多いのではないでしょうか。

　ここからは、**Notion の定番の使い方を例に挙げながら、Notion を使いやすい状態に設定する方法**をご紹介していきます。手始めに、メモを作りやすい環境を整えていきましょう。

> メモを取る場所を一度自分で決めることで、グッとNotion が使いやすくなりますよ!

1 ｜ 階層やデータベースは、なるべくシンプルにしよう

Notionでさまざまなメモを取りたい場合、どのようなページ構成だとよいでしょうか。まず思いつくのは「料理」や「仕事」などのカテゴリーごとにページを作り、その中にメモを作っていくという方法かと思います。

メモ一覧
✍️ メモを入れるためのデータベースです。カテゴリーごとにフィルターをかけたビューを用意しています。 1つのデータベースを使って、複数のカテゴリーのメモを取るようにしてみましょう。

もちろんそれもNotionの基本的な使い方のひとつ。初めはそのような作り方もオススメです。ただ、メモを取る前に「どこにメモしよう?」と毎回考えてしまったり、作ったメモが見つかりにくくなったりする可能性もあります。

このテンプレートは「メモをする場所は一箇所に絞る」「メモはタグで整理する」という考え方で作られています。Notionを気軽に使えるようになるので、最初にオススメしたい使い方のひとつです。

2 ｜ データベースに新規ページを追加してみよう

まずはテンプレートを複製して実際に触ってみましょう。データベースの「＋新規」ボタンから新しいページを作成していきます。

メモのジャンルが決まっていれば「タグ」のプロパティを選択しましょう。**雑多なメモを入れる「INBOX」や、よいなと思ったものを保存する「インスピレーション」**、仕事や個人活動の「アイデア」などを用意してみました。

テンプレートのジャンルはあくまで一例ですので、ぜひ自分の使いやすいものにアレンジしてみてください。

追加したいタグを選択

ページにタグが表示される

3 | タグのカテゴリーごとにフィルターをかけよう

「メモ一覧」データベースの上部のタブには、**好きなタグで絞ったビューを自由に作ること**ができます。例えば「日記」のタグだけを表示させたい場合などに便利です。さっそく、好きなビューを作成してみましょう。

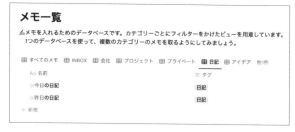

まずは、データベース上部、タブの右側の「+」ボタンから「ビューを追加」を選択します。

次に、右上の「フィルター」から絞りたい「タグ」を選択します。これで、そのカテゴリーのメモだけが表示されるビューの完成です。

「ビューを追加」を選択

右上の「フィルター」→「タグ」

絞りたいタグにチェック

---

column
タグが増えてきたら、データベースに変換すると便利

今回はカテゴリーのタグを「セレクト」プロパティで分けていますが、このタグの一覧をデータベースにして「リレーション」機能を活用すれば、タグの量が増えても整理が楽になります。タグの並べ替えができたり、「仕事」や「プライベート」などの大きなグループでまとめたりすることもできます。逆に、タグがついているメモだけを一覧で確認することもできます。

この使い方については次のYouTubeで解説しているのでぜひご覧ください。

▶YouTube https://www.youtube.com/watch?v=cCK_hGfi2cY

4 | お気に入りのビューは、ページとして保存しよう

Notionでは、フィルターを掛けて絞った「ビュー」をひとつの独立したページにすることができます。メモのカテゴリーがあらかじめ決まっている場合などに便利です。

ページの作成方法は、空白の部分にカーソルを合わせ、「＋」ボタンから「ページ」を選択して新しいページを作ります。新しいページが開いたら、「テーブルビュー」の形式を選択します。

データソースに「DB_メモ一覧」（メモを入れたいデータベース）を選択すると、保存したメモの一覧が表示されます。

あとは「アイデア」などのタグにフィルターを掛ければ、特定のカテゴリーだけのページの完成です。

 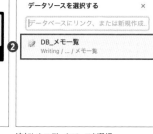

ページを選択　　　　　　　　　　　　　　　　追加したいデータベースを選択

ページにすることで、画面左の「サイドバー」にも表示でき、簡単にアクセスできるようになります。

Point

✓ メモのデータベースはひとつにまとめよう

✓ カテゴリーごとにフィルターをかけよう

✓ ビューはページとして保存ができる

2.2 » 自分だけの ホーム画面を作ろう!

本書でたくさんの使い方を紹介するように、Notionは使い続けるとたくさんのページであふれていきます。サイドバーを使ってページを管理することもできますが、**一箇所で管理できるダッシュボードのような場所を作ると、Notionをより便利に使うことができます。**

ここではホーム画面のテンプレートを例に、ページをデザインするためのコツや、まとめると便利なページを解説していきます。

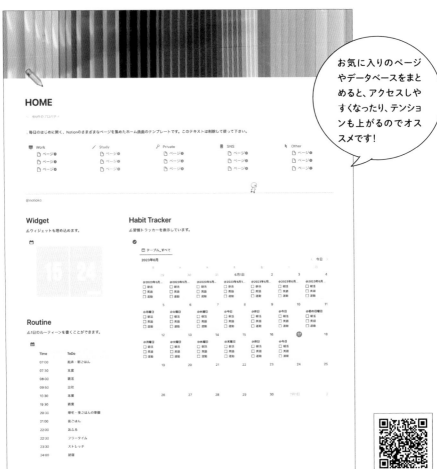

> お気に入りのページやデータベースをまとめると、アクセスしやすくなったり、テンションも上がるのでオススメです!

1 ｜ Notionはページを分割できる

　このホーム画面では、ひとつの大きなページを分割し、レイアウトすることでデザインを作っています。それぞれのブロックはドラッグ＆ドロップで動かすことができるので、ぜひ試してみてください。

ページが5列に分割された様子

　ページを分割するには、空白部分で「/（スラッシュ）」を使いましょう。分割したい数字を入力することで、簡単に列を作ることができます。

「埋め込み」機能を活用しよう

　Notionには「ウィジェット」などの外部サイトのHTMLを埋め込むこともできます。

　「埋め込み」機能を活用すれば、X（旧Twitter）をはじめとするサービスや、時計やカレンダー、天気などの外部サイトをNotionに埋め込むことができ、ホーム画面をもっと拡張することができます。

　ここでは時計のウィジェットを埋め込んでみましたが、ぜひ皆さんの好きなサービスやウィジェットを探して埋め込んでみてください。

外部ウィジェットを埋め込んだ様子

2 | 毎日見るページで習慣管理

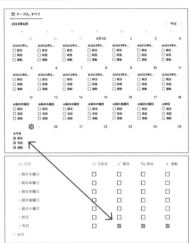

ウィジェットの下には、1日の習慣やルーティンを書き出す場所を用意してみました。自分の生活リズムや毎日したい習慣などは、このルーティンに書いておくと自然と意識が向きそうです。

右側には、習慣トラッカーを配置してみました。1カ月分がカレンダーで表示され、ここからチェックを付けていくことができます。**毎日チェックするものは、毎日見るホーム画面に置いておくと忘れなくなる**のでオススメです（習慣トラッカーのテンプレート・使い方→3.2節）。

リンクドビューで、データベースを連動させる

column

「リンクドビュー」を使うことで、元のページ以外の場所にも同じようにデータベースを表示できます。また、データベースは元のデータと連動しているため、どちらからチェックを付けても双方に反映されます。今回のホーム画面のような、複数のページをまとめるページを作る時にとても便利な機能です（リンクドビューの使い方→1.5節参照）。

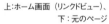

上：ホーム画面（リンクドビュー）、
下：元のページ

3 | タスクは常に表示させるのが吉

習慣トラッカーの下には、1週間のToDoを管理する「ToDoリスト」があります。ToDoリストもホーム画面に置くと、1週間のやることがわかりやすいです。本書ではいくつかのパターンでToDoリストを紹介するので、ぜひ自分に合ったもの

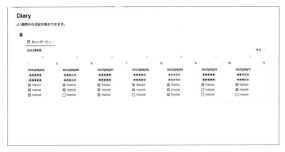

を配置してみてください（ToDoリストのテンプレート・使い方→3.1節参照）。

難しい習慣こそ、ホームに配置してみる

最後には、毎日書く日記を配置してみました。カレンダーの設定は「レイアウト」から表示方法を「週」に変更し、1週間のみ表示しています。**日記のような新しく身に付けるのが難しい習慣も、ホーム画面に表示させるのがオススメ**です。

ページをクリックすると、日記の内容を直接記入できます。

ここでホーム画面に配置した内容はあくまで一例なので、ぜひ皆さんの使いやすいホーム画面を作ってみてください。本をよく読む人はブックリスト、映画をよく見る人は映画リストなど、自分の好きなページを組み込んでみるのも面白いかもしれません。

Point

✓ よく使うページをひとつにまとめてみよう

✓ ブロックを動かしたり、埋め込み機能を活用しよう

✓ 好きなデータベースのリンクドビューを作ろう

2.3 » お店の情報は 一箇所にまとめたい！

食べログの情報を探す時、食べログやGoogleマップなどさまざまなサービスがあります。僕は以前からさまざまなグルメサイトを往復してお店を探していましたが、情報が不十分だったり、行ったことがある場所がわからなくなったりと、そういったサービスにストレスを感じる時がありました。

Notionでお店をまとめると、知っているお店を自分がわかりやすい形で保存しておくことができます。**ひとつにまとまっているというシンプルさ**と、「**お店を探す時はここを見ればいい**」という安心感があり、とても便利に使えるのでオススメです。

僕はラーメンが大好きなので、テンプレートにはオススメのラーメン情報がまとまっています（笑）。

1 好きなお店をピックアップ

まずは、食べログやGoogle
マップなど、複数のサイトで
クリップしていたお店をデー
タベースの中に集めていきま
しょう。

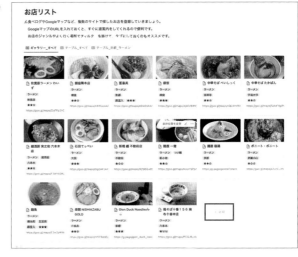

「お店リスト」から新規ページを作成し、お店の情報を入れていきます。タイトルにお店の
名前を入れたら、お店のジャンルや個人的評価、場所などを埋めていきましょう。もし行っ
たことがあるお店なら、ぜひ感想のメモを追加してみてください。

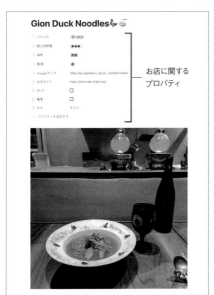

＊食べログ（https://tabelog.com/）に掲載されている公式画像より。

memo

メモしたい項目の種類

ここでは例として、以下をプロパティに
追加してみました。

- お店のジャンル
- 個人的評価
- 場所
- 昼・夜のどちらか
- Google マップの URL
- 公式サイトの URL
- Wi-Fi・電源の有無
- メモ

2 | お店を探す時はフィルターを活用

お店を探したい時は「テーブルビュー」と「フィルター」を活用してみましょう。ジャンルや評価、場所などをすべてタグにまとめることができるので、**それぞれの項目でフィルターを掛けて絞り込むことができます**。

お店リスト

食べログやGoogleマップなど、複数のサイトで探したお店を登録していきましょう。
Googleマップの URL を入れておくと、すぐに道案内もしてくれるので便利です。
お店のジャンルやよく行く場所でフィルターを掛けて、タブにしておくのもオススメです。

🔲 ギャラリー_すべて ⊞ テーブル_すべて ⊞ テーブル_京都_ラーメン   フィルターを活用した複数のビュー

Aa お店	ジャンル	個人的評価	場所	昼/夜	Googleマップ
📄 亜喜英	ラーメン	★★★	京都	昼 夜	https://goo.gl/maps/d2mEbXA
📄 蘭世	ラーメン	★★★	銀座	昼 夜	https://goo.gl/maps/idykiVBW-
📄 石田てっぺい	ラーメン	★★★	大阪	昼 夜	https://goo.gl/maps/GgQAF.Jk-
📄 麺魚	ラーメン	★★★	錦糸町 五反田	夜	https://goo.gl/maps/E3w2pW\
📄 Gion Duck Noodles🦆😊	ラーメン	★★★	京都	夜	https://g.page/gion_duck_noc
📄 秋葉原ラーメン わいず	ラーメン	★★☆	秋葉原	昼 夜	https://goo.gl/maps/ZiaTFp2V
📄 銀座篤本店	ラーメン	★★☆	銀座	昼 夜	https://goo.gl/maps/A835ppu-
📄 中華そば べいしっく	ラーメン	★★☆	吉祥寺	昼	https://goo.gl/maps/VQL4mrR
📄 中華そば たかばん	ラーメン	★★☆	学芸大学	昼 夜	https://goo.gl/maps/5afoFVgiF
📄 麺處 実之和 六本木店	ラーメン 居酒屋	★★☆	六本木	夜	https://goo.gl/maps/F39FAiGR-
📄 麺屋 一燈	ラーメン つけ麺	★★☆	新小岩	昼	https://g.page/gokkei?share
📄 麺屋 極鶏	ラーメン	★★☆	京都	昼	https://goo.gl/maps/KUufrSPp
📄 渋麺 NISHIAZABU GOLD	ラーメン	★☆☆	六本木	夜	https://goo.gl/maps/mSTRobsF
📄 新橋 麺 不動商店	ラーメン	★☆☆	不動前	夜	https://goo.gl/maps/BZbBQu6
📄 ボニート・ボニート	ラーメン	★☆☆	武蔵小山	昼	https://goo.gl/maps/a2U1CJX
📄 鶏そば十番156 麻布十番本店	ラーメン	★☆☆	六本木	昼 夜	https://goo.gl/maps/PCQJfLJc

+ 新規

例えば、場所は「京都」、ジャンルは「ラーメン」でフィルターを掛けると、このようにそのタグを選択したお店だけが出てきます。さらにフィルターを追加し

🔲 ギャラリー_すべて ⊞ テーブル_すべて ⊞ テーブル_京都_ラーメン

≡ 場所: 京都 ∨ ≡ ジャンル: ラーメン ∨   かけたいフィルターを選択

Aa お店	ジャンル	個人的評価	場所
📄 亜喜英	ラーメン	★★★	京都
📄 麺屋 極鶏	ラーメン	★★☆	京都
📄 Gion Duck Noodles🦆😊	ラーメン	★★★	京都

+ 新規

て、評価を「★★★」のものだけに絞り込むことなども可能です。

Wi-Fi・電源のチェックボックスもフィルターを掛けることができるので、作業カフェを探したい時もとても便利です。

---

column

ラーメン屋も、カフェも、全部一緒にまとめてみよう！

一見ジャンルごとにデータベースを分けたくなりますが、あえてひとつのデータベースでまとめているのがポイント。例えば、ジャンルを問わず「京都」のお店を探したい時に、データベースが分かれていると何回も検索することになってしまいます。データベースがひとつにまとまっていれば、フィルターを一回掛けるだけですべてのお店が出てくるので、便利に使うことができます。

3 ｜ 気になるお店が見つかったらすぐにメモ

何気なく見ていたWebサイトや、友達との会話の中、フラっと歩いていた町中などで、行ってみたいお店が突然見つかることもあります。そんな時も、Notionなら**スマートフォンでパッと開いて簡単にメモすることができます**。友達から教えてもらった美味しいメニューをメモ、なんて使い方もよいかもしれません。

スマートフォン版のNotionでは、ページの共有機能からNotionに直接Webページを保存できます。ぜひ生活の中で活用してみてください。

column

GoogleマップのURLを入れるのがコツ

GoogleマップのURLを入れておけば、行きたいお店が決まったら、そのままGoogleマップを開くことができます。アプリを開いて調べ直す手間がないので、誰かと話している途中でもスマートに道案内ができます。

Point

☑ お気に入りのお店が
一箇所にまとまる

☑ 自分だけのデータに
カスタマイズできる

☑ スマートフォンから
簡単に保存できる

2.4 ≫ 好きな映画の感想を 残す方法

　皆さんは、この1年間に観た映画をいくつ思い出せるでしょうか。時間が経つと、その映画がどんな内容だったか、意外と忘れてしまうものではないでしょうか。

　Notionに好きなコンテンツをまとめるこのテンプレートは、非常に定番の使い方です。ここで紹介するのは映画ですが、小説やゲームなどの自分の好きなものに置き換えて使うことができます。ぜひ活用してみてください。

好きなものが一覧で並んでいるだけでテンションが上がりますね！

1 自分だけの映画リストを作ってみる

まずはこれまでに観た映画を振り返って、**自分だけの映画リスト**を作ってみましょう。すべて洗い出すのは大変だと思うので、記憶に残っている映画やお気に入りの映画をいくつか登録してみましょう。

最初に「観た映画リスト」に新規ページを作成します。ページのタイトルには映画のタイトルを入れましょう。次に映画の種別（邦画・洋画など）やジャンル、制作者（監督）などを選択していきます。制作者は検索で出てこない場合は、新しくページを作ります。

「観た日」は覚えていたらカレンダーから選択し、最後に個人的評価（★5つ）と、映画の感想を「コメント」欄に記入します。

感想を書く癖をつけることで、より深く映画を楽しめるようになるかもしれません。「この映画、どんな内容だったっけ……」と忘れてしまうようなこともなくなりそうです。

映画に関する
プロパティ

メモしたい項目の種類

memo

ここでは例として、以下をプロパティに追加してみました。思いついたものがあれば、気軽に追加してみましょう。

- 観たかどうかのチェックボックス
- 種別（洋画 / 邦画 / アニメ映画…）
- 映画のジャンル
- 制作者
- 見た日
- 評価
- コメント

＊Yahoo! 検索（https://search.yahoo.co.jp/）に掲載されている公式画像より。

2 | 次に観たい映画も気軽にメモ

観た映画リストの下には、「観たい映画リスト」も用意しました。気になっていた映画なのに、結局観に行けなかったという経験は誰でもあるのではないでしょうか。**気になる映画があったらここにメモしておくことで、忘れずにチェックできます。**

リストの登録の仕方は、観た映画リストと同じように、「観たい映画リスト」に新規ページを作成し、プロパティを埋めていくだけです。

実際に映画を見た時は、**ページの中のチェックボックスに「✓」を付けると「観た映画リスト」に入る仕組み**になっています。新たに「観た映画リスト」に登録し直さなくてもよいので便利です。

3 | 一度観た映画を探してみる

観た映画が増えてくると、特定の映画を探すのが大変になってきます。例えば友達に「アニメ映画でオススメの映画ある？」と聞かれた時などに、サッと調べて答えられると便利です。

そんな時は、「テーブルビュー」と「フィルター」を活用してみましょう。映画の種別やジャンル、個人的評価などでフィルターを掛けて絞り込むことができます。

例えば、種別は「アニメ映画」で、評価は「★5」でフィルターを掛けると、このようにそのタグを選択した作品が出てきます。

4 | 制作者のデータベースも関連付けられる

制作者リスト

📄 監督ごとに映画をまとめたリストです。「観た映画リスト」の「制作者」を入れると、このリストが自動で出来上がります。

⊞ テーブルビュー

Aa 監督	↗ 映画　映画リストへのリレーション
ジェームズ・キャメロン	📄 リズと青い鳥
庵野秀明	📄 シン・エヴァンゲリオン劇場版:‖　📄 ヱヴァンゲリヲン新劇場版:Q　📄 ヱヴァンゲリヲン新劇場版:破　📄 ヱヴァンゲリヲン新劇場版:序
井上雄彦	📄 THE FIRST SLAM DUNK
ガイ・リッチー	📄 アラジン（実写版）
クリス・コロンバス	📄 ハリーポッターと賢者の石
ジーン・ケリー	📄 雨に唄えば
クリストファー・ノーラン	📄 インセプション　📄 インターステラー
スタンリー・ドーネン	📄 雨に唄えば
松本壮史	📄 サマーフィルムにのって
リサ・ジョイ	📄 レミニセンス

↓ さらに読み込む …

＋ 新規

最後に上級者編として、**別のデータベースを組み合わせる**方法をご紹介します。ここでは映画の監督をまとめるために「制作者リスト」を作ってみました。

「映画リスト」と「制作者リスト」を紐付けるためには「**リレーション**」のプロパティを使っています。それぞれのページから直接選択したり、追加できるので確認してみてください。例えば「この監督が作った映画を観たい」と思った時に、すぐに探すことができます。

制作者リストの他にも、俳優が好きな方は「俳優リスト」を作って、その俳優が出演している映画をまとめるといったアレンジもできそうです。ぜひ、自分の好きな方法で映画をまとめてみてください。

---

column

ページの中を使って、ノートのような使い方をしてみても

テンプレートでは感想をプロパティに書いていますが、もっと詳しくあらすじや感想をまとめたい方は、ページの中もぜひ使ってみてください。作中の画像も追加すれば映画ノートのようにも使えそうですね。

Point

☑ 好きな映画をまとめてみよう

☑ フィルターがあれば便利に探せる

☑ 制作者のデータベースも
　紐づけてみよう

2.5 ≫ もっと気楽に旅行の計画を立てたい！

　皆さんは旅行の計画を立てるタイプでしょうか。僕はできるだけたくさんの場所を時間通りに回りたいので、旅行の前は行きたい場所をメモしたりすることが多いです。でも実際のところ、**旅行の前はいつもバタバタしているし、ゆっくり計画を練るもの難しいものです。** Googleマップにピンを刺してみたものの全然行けなかった、なんて経験はよくあります。そんな時も、Notionの出番です。行きたい場所リストを埋めるだけで簡単に使えるテンプレートをご紹介します。

> このテンプレートは僕が実際に行った京都旅行をベースに作ってみました。事前に行きたいところが整理されると、当日の旅行はもっと楽しみになりますよ！

1 ｜ 行きたい場所をリストアップしてみる

まずはページ内の「行きたいところリスト」に観光スポットやご飯屋さん、ホテルなどをリストアップしていきましょう。ここではとにかく**「行ってみたいな」と思ったところをたくさんリストアップする**のがオススメです。

リストアップする時にページに画像を追加すると「ギャラリービュー」で一覧して見ることができます。行きたい場所が並んでいるとイメージも湧きやすく、気分も少しだけ上がります。

2 ｜ 旅行の時間割を計画する

行きたい場所をリストアップしたら、次は「スケジュール」部分に「ジャンル」や「エリア」などの情報を埋めていきます。

情報が埋まったら、実際に回る**順番や日割り、時間も決めていきましょう**。「時間」プロパティを開くと、カレンダーから時間を指定できます。

スケジュールが決まったら、最後に**Google Map やWebサイトのリンク、営業時間などのメモ**を当日までに埋めておくと、スムーズに旅行ができます。

行きたい場所を記入

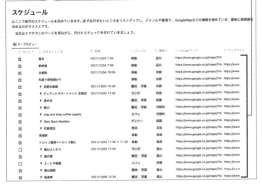

---

memo

メモしたい項目の種類

ここでは例として、以下をプロパティに追加してみました。思いついたものがあれば、気軽に追加してみましょう。

- 行けたかどうかのチェック
- 日程・時間
- ジャンル(移動 / ご飯 / 観光 など)
- エリア
- Google Map のURL
- Web サイトのURL
- メモ、チケットの添付など

3 │ 当日もスマートフォンで気楽にメモ

次に行く場所はスマートフォンで確認、行けたらチェック

　Notionはスマートフォンでも開くことができるので、もちろんスケジュールを見ながら旅行ができます。

　旅先でNotionを開いて、次に行く場所を確認。行けたらチェックボックスにチェックを付けていけば、次に行くところもわかりやすいです。 チェックの数が増えていくと達成感もあり、楽しく旅先を巡ることができそうです。

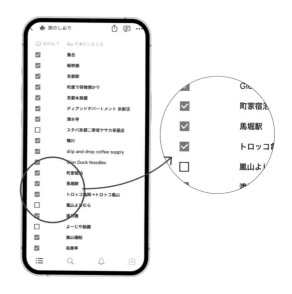

Googleマップもすぐに開ける

　GoogleマップのURLを事前に入れておけば、旅行がさらに快適になります。**Notionを開いて次に行く場所を確認したら、そのままGoogleマップを開くことができます。**

　行きたい場所のURLだけでなく、調べた結果の時刻もURLとして保存できるので、何かとバタバタしがちな旅先でもスムーズに移動ができそうです。

4 | 旅行中の支払いや、行けなかった場所も見返せる

もし誰かとの旅行なら、混乱しがちなお金だって最後にサッと精算ができます。**費目と金額を書けば、Notionの機能で合計金額を出すことができます。**

また当日行けなかった場所や、旅行中に次の旅行で行きたい場所を見つけた時は「次回行きたいところ」にその場でメモをしてみましょう。次の旅行の際に、ぜひ組み込んでみてください。

金額の一覧と合計

次回行きたいところ

column

誰かと一緒に計画してみよう

このテンプレートはひとり旅だけでなく、誰かとの旅行にも非常にオススメです。実際に会ってNotionに記入したり、遠隔で共同編集をするのもよいでしょう。僕の場合は電話で計画を立てたのですが、Notionはページを共有するとリアルタイムでお互いの書き込みが見えるので、電話をしながらでも計画が立てやすかったです。当日はお互いのスマートフォンでページが見られるので、まさに旅のしおりのようにNotionを見ながら旅行をしました。Notionなら、次回また旅行する時に活用できたり、思い出としても残りやすいのもうれしいポイントです。

Point

☑ 旅行に必要な情報が一箇所にまとまる

☑ Web の情報とリンクした時間割を作成できる

☑ 旅行中もスマートフォンで簡単にメモできる

2.6 ≫ デザイナーSakinoさんの、こだわりの詰まったNotionホーム画面

　ここからは、Notionのスペシャリストの活用法をご紹介する章末インタビュー。最初に登場するのは、本業でも副業でもデザイナーとして働いているSakinoさんです。SNSでいつも丁寧にNotionを使っている様子を拝見していたので、今回はそんなSakinoさんのNotionの「ホーム画面」についてお話を伺いました。**兼業のタスク管理方法や、デザイナーならではのページのこだわり**を覗いてみましょう。

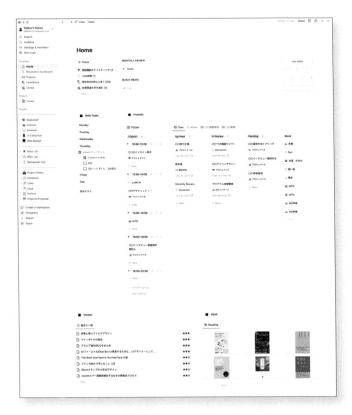

Sakino Tomiura
X（旧Twitter）：@sakinotomiura

アメリカ・ミシガン州の美術大学でグラフィックデザイン学科を卒業後、クライアントワークを中心とする企業のデザイナーとして、Webサービスやモバイルアプリの新規開発や改善など幅広いプロジェクトを経験。現在はスタートアップのデザイナーとしてSaaSプロダクトのグロースに携わる。Notionの推し機能はリレーション。

1 ホーム画面は常にディスプレイに表示

SakinoさんがNotionのホーム画面を作ったのは、**頻繁にアクセスする情報がずっと視界に入っていてほしいから**だそう。

「普段は作業用とは別に、**セカンドディスプレイに常にNotionを表示**しています。なのでNotionは画面サイズに合わせてレイアウトしています」

常に見えるところにあるのは、月間の目標やクイックメモ、カレンダー、個人のタスクなど。

「月間の目標は別のデータベースから"今月ちょっとフォーカスしたいな"と思うものをここに出してます。クイックメモは、パッとメモを取りたい時に書くところ。その下のタスクの確認が一番メインですね」

シンプルに見えて、必要な情報がきちんと一画面に揃っています。

2 タスクは複数のボードビューを使って管理

次に、メインで使っているというタスク管理を見せてもらいました。

「タスク管理の種類は大きく分けて2種類で、**毎日のルーティン的なタスクは「Daily Tasks」**、通常の日々発生するタスクは「TODAY」から右のボードビューで管理しています」

「Daily Tasks」は、**ボタン機能**を活用していて、その曜日のタスクを事前に登録しておくことでやり忘れを防ぐことができているのだとか。

　右側には、何やらタスクを組み込む時間割のようなものがあります。

　「タスクが思いついたら、まずは「Up Next」のボードに入れていって。そこから「TODAY!」の時間割に、**今日やるタスクをポコポコ入れてい**くんです。タスクが完了して確認待ちになったら、「In Review」ってところに移していきます」

　時間割は、ボードビューのサブグループ機能を活用して作られていました。Notionでタスクとスケジュールを紐づけて管理できる、とても面白いアイデアです。

　また、**定期的に発生するタスクは「Block」というボードにあらかじめカードを用意している**のだそう。

　「例えばミーティングとかは、毎回そのミーティングのタイトルを時間割に入れていくのが面倒なので「Block」を活用しています。ミーティングが複数ある時は、複製したりして使っています」

　アイコンで見た目もかわいく、とても便利な使い方だと感じました。

memo

タスクの期日はリマインダーを活用！

Sakinoさんは登録したタスクの期日に「リマインダー」機能を活用していました。
日付に余裕がある時は青字で、近くなってきたら赤字で表示されるので、締め切りもわかりやすいのだとか。
通知を細かく設定できるのはうれしいポイントですね！

3 ┃ よく使うデータベースもホーム画面に

タスク管理の下には、noteの記事のストックや今読んでいる本など、**よく使うデータベースを集めている**のだそう。

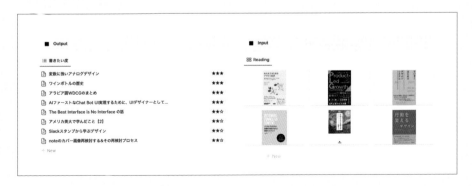

「いろいろなデータベースを呼び集めたものというのが、この場所の設計という感じですね。ページ自体は別の場所にあるのですが、例えばnoteのストックは星2と星3のものだけをフィ

ルターで絞ったり、本とかは割と並行して読むことが多いので、今読んでいるものだけをここに表示したりしています」

　いろいろなページが集まっていても、**必要な情報だけを**フィルターすることで便利に使えそうですね。

memo

ホーム画面も、
Webサイトのようにデザイン

Webデザインのお仕事もされているSakinoさん。
Notionのページデザインにもデザイナーらしいこだわりが。
「Notionのシンプルな機能で"いい感じに見える"ようにすることを意識しています。例えば見出しは普通の見出しだと大きすぎると思うことが多いので、コールアウトの絵文字でセクション感を出したり。色もNotionのUIに合わせて水色を選んでいます」

■ Daily Tasks

Monday

Tuesday

Wednesday

Thursday

》Sakinoさんの推しポイント

少しずつ必要な情報をまとめられる

「たくさんデータベースがあるので、それをサイドバーから見に行かず、少しずつ必要な情報を一覧できるところが気に入っているポイントのひとつです」

プライベート・仕事を問わずタスクを一覧化

「いくつか会社を渡ってお仕事をしているので、本業も副業も、プライベートのタスクもまとめて一覧できるのは便利だなと思っています」

繰り返し発生するタスクはボタン機能で管理

「毎日や毎月繰り返し発生するタスクは、ボタン機能を活用することでやり忘れがあまりなくなってきました。タスク管理の使い分けがポイントです」

» Chapter

3

タスク 管理

3.1 » 好きなタスク管理を見つけよう！

　皆さんは普段、どのようにタスクを管理しているでしょうか。**タスク管理も、Notionでオススメしたい活用法のひとつ**です。ここでは、Notionでどのようなタスク管理ができるのかイメージが湧きやすいよう、**5種類のタスク管理**を解説していきます。

　タスク管理に苦戦している人のために、初心者でも簡単に導入できるようなものを厳選してみました。ぜひこのページを活用して、自分に合った方法を見つけてみてください。

他のサービスで挫折してしまった…という方も、きっと自分好みの使い方が見つかるはずです！

1 | 「ボタン」機能でシンプルに管理する

　ひとつ目はシンプルな ToDo リスト。**曜日ごとにタスクを書き出し、チェックを付けていくだけなので操作も簡単です。**

ToDoリスト パターン①

△ 「ToDoリスト」のブロックを使った、シンプルなToDoリストです。週の初めに曜日ごとにToDoを書き出していきましょう。
　各曜日の「new todo」のボタンを押すと、一番上に新しいToDoリストが追加されます。

Mon	Tue	Wed	Thu
⊕ new todo	⊕ new todo	⊕ new todo	⊕ new todo
☐ ToDo	☐ ToDo	☐ ToDo	☐ ToDo
☐ ToDo	☐ ToDo	☐ ToDo	☐ ToDo

Fri	Sat	Sun	Free
⊕ new todo	⊕ new todo	⊕ new todo	⊕ new todo
☐ ToDo	☐ ToDo	☐ ToDo	☐ ToDo
☐ ToDo	☐ ToDo	☐ ToDo	☐ ToDo

3

タスク管理

　新しいToDoをリストに追加する時は、各曜日の「new todo」のボタンを押してみましょう。これはNotionの「ボタン」機能というもので、**ボタンを押すとリストの一番上に新しいToDoが追加される**ようになっています。

　タスクを週ごとに消さずに残しておきたいという人は、「トグル」を活用して残しておくのがオススメです。トグルごと複製することで、残ったタスクを次の週に持ち越すことができます。

トグルを閉じた時

トグルを開いた時

2 | 「テーブルビュー」でタスクを一覧する

　2つ目は、データベースの「テーブルビュー」を使った、**やることが一覧で確認できる ToDo リスト**です。

　使い方は、「＋新規」ボタンからタスクを追加し、ジャンルやステータスを選択します。タスクが完了したらチェックを付けると、下の「チェックあり」のグループに入るようになっています。

ジャンルは「仕事」や「プライベート」のほか、「習慣」「行く」「買う」などを用意してみました。ぜひ自分なりにアレンジして使ってみてください。

チェックを付けると下に移動

選択できるジャンル

3 | 「ボードビュー」で進捗を確認する

3つ目は「ボードビュー」を使った、**進捗別に確認できるToDoリスト**です。

「未着手」のボードの「＋新規」からタスクを追加し、そのタスクが進行中なら「進行中」、完了したら「完了」に移していきます。カードはドラッグ＆ドロップで簡単に動かすことができます。

カンバン方式のタスク管理に慣れている方にオススメです。

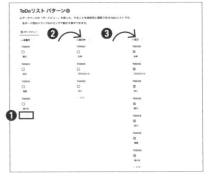

タスクを追加・進行・完了とずらしていく

4 | カレンダーの「週表示」で管理する

4つ目は、カレンダーの「週表示」機能を使ったToDoリストです。**1週間単位でやることを確認**できます。

使い方は、日付の左上の「＋」ボタンからその日のタスクを追加するだけ。日付はドラッグ＆ドロップで簡単に動かすことができます。

また、習慣だけをフィルターで絞って表示するタブも用意してみました。特定のカテゴリーだけを見たい時などにオススメです。

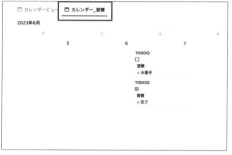

習慣だけをフィルターしたビュー

5 「リストビュー」と「カレンダービュー」を一緒に

最後は「リストビュー」と「カレンダービュー」を使ったToDoリストです。**左側ではシンプルなリストでタスクを追加でき、右側では1カ月単位でタスクを確認できます。**

タスクの追加は、リストからでもカレンダーからでもOK。日付はページの中で直接入力するか、ドラッグ＆ドロップでカレンダーに移動させることで追加できます。

Point

- ✓ 自分に合ったタスク管理方法を見つけよう
- ✓ 5つのテンプレートを実際に触ってみよう
- ✓ 自分好みにアレンジして使ってみよう

3.2 ≫ 新しい習慣が 続かないあなたに

新しく習慣を身に付けるのは意外と難しいものです。習慣に特化したアプリもいくつかありますが、いつの間にかアプリそのものを開かなくなってしまった、なんてこともよくあります。

Notionならさまざまな用途で開くことが多いので、習慣を管理するハードルを下げられるかもしれないと思い、このページを作ってみました。もし身に付けたい習慣があれば、このテンプレートを使ってみてください。

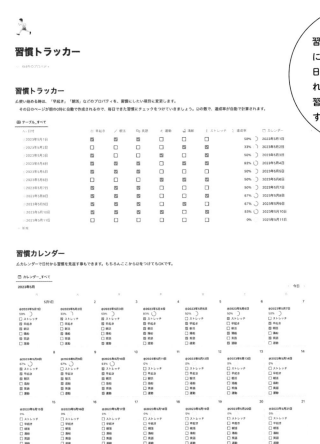

> 習慣トラッカーとは、習慣にしたいことを決めて、毎日続けるのを手助けしてくれるツールです。どうして習慣が続かないのか分析することもできますよ!

1 習慣にしたいことを決めてみる

さっそく習慣トラッカーを作っていきましょう。まずは「早起き」や「朝活」など、**習慣にしたい項目**を決めていきます。

習慣トラッカー

✍使い始める時は、「早起き」「朝活」などのプロパティを、習慣にしたい項目に変更します。
その日のページが朝の0時に自動で作成されるので、毎日できた習慣にチェックをつけていきましょう。☑の数で、達成率が自動で計算されます。

⊞ テーブル_すべて

Aa 日付	☼ 早起き	✎ 朝活	🔤 英語	⋈ 運動	🛁 温船	✳ ストレッチ	Σ 達成率	🗓 カレンダー
◉2023年5月1日	☐	☐	☐	☐	☐	☐	0%	2023年5月1日
◉2023年5月2日	☐	☐	☐	☐	☐	☐	0%	2023年5月2日
◉2023年5月3日	☐	☐	☐	☐	☐	☐	0%	2023年5月3日
◉2023年5月4日	☐	☐	☐	☐	☐	☐	0%	2023年5月4日
◉2023年5月5日	☐	☐	☐	☐	☐	☐	0%	2023年5月5日
◉2023年5月6日	☐	☐	☐	☐	☐	☐	0%	2023年5月6日
◉2023年5月7日	☐	☐	☐	☐	☐	☐	0%	2023年5月7日
◉2023年5月8日	☐	☐	☐	☐	☐	☐	0%	2023年5月8日
◉2023年5月9日	☐	☐	☐	☐	☐	☐	0%	2023年5月9日
◉2023年5月10日	☐	☐	☐	☐	☐	☐	0%	2023年5月10日
◉2023年5月11日	☐	☐	☐	☐	☐	☐	0%	2023年5月11日
◉2023年5月12日	☐	☐	☐	☐	☐	☐	0%	2023年5月12日
◉2023年5月13日	☐	☐	☐	☐	☐	☐	0%	2023年5月13日
◉2023年5月14日	☐	☐	☐	☐	☐	☐	0%	2023年5月14日
◉2023年5月15日	☐	☐	☐	☐	☐	☐	0%	2023年5月15日

3

タスク管理

項目が決まったら、テンプレートの「習慣トラッカー」のプロパティを書き換えていきましょう。プロパティのタイトルをクリックすると名前が変更できるので、習慣にしたい項目に書き換えてみましょう。

📋
column

アイコンを変更して、楽しく、わかりやすく

プロパティのアイコンは、好きなアイコンに変更できます。変更の仕方は、プロパティを一度クリックし、編集画面になったら絵文字の部分をクリックするだけです。
アイコンをお気に入りのものに変更すると、パッと見た時にわかりやすく、自分専用のアプリに近づけることができます。

2 | 習慣を記録してみる

習慣トラッカーができ上がったら、さっそく習慣に取り組み、記録をしていきましょう。毎日0時になると自動でその日のページが作成されるようになっているので、**その日の終わりや、次の日の朝に振り返ってチェックを付けていきましょう。**

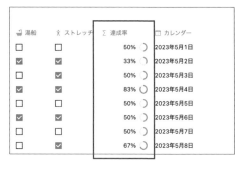

習慣トラッカー

✍ 使い始める時は、「早起き」「朝活」などのプロパティを、習慣にしたい項目に変更します。
その日のページが朝の0時に自動で作成されるので、毎日できた習慣にチェックをつけていきましょう。☑の数で、達成率が自動で計算されます。

⊞ テーブル_すべて

Aa 日付	☼ 早起き	✏ 朝活	🗣 英語	🏃 運動	🛁 湯船	🧍 ストレッチ	Σ 達成率	🗓 カレンダー
2023年5月1日	☑	☑	☑	☐	☐	☐	50% ◗	2023年5月1日
2023年5月2日	☐	☐	☐	☐	☑	☑	33% ◗	2023年5月2日
2023年5月3日	☑	☐	☐	☑	☐	☑	50% ◗	2023年5月3日
2023年5月4日	☑	☑	☑	☐	☑	☑	83% ◗	2023年5月4日
2023年5月5日	☑	☑	☑	☐	☐	☐	50% ◗	2023年5月5日
2023年5月6日	☐	☐	☐	☑	☑	☑	50% ◗	2023年5月6日
2023年5月7日	☑	☐	☑	☐	☐	☑	50% ◗	2023年5月7日
2023年5月8日	☑	☑	☑	☑	☐	☐	67% ◗	2023年5月8日
2023年5月9日	☑	☑	☐	☐	☑	☐	67% ◗	2023年5月9日
2023年5月10日	☑	☑	☑	☐	☑	☐	83% ◗	2023年5月10日
2023年5月11日	☐	☐	☐	☐	☐	☐	0% ◗	2023年5月11日
2023年5月12日	☐	☐	☐	☐	☐	☐	0% ◗	2023年5月12日

「達成率」の欄には、チェックの数に応じて自動で達成率とグラフが表示されます。その日にどれくらい習慣が達成できたかが、パッと見てわかりやすいです。

こうして記録を付けていくと、なんだかチェックの数をもっと増やしたくなり、進んで習慣に取り組めるような気がします。

---

column

「テンプレート」と「繰り返しタスク」で、自動でその日のページを作る

本テンプレートの自動でその日のページを作成する方法は、「テンプレート」と「繰り返しタスク」の機能を活用しています。
繰り返しタスクでその日の日付が自動でタイトルに入るように、テンプレートのタイトルに「@今日」と入れて保存します。次にそのテンプレートを繰り返しタスクで「1日ごと」に、タイミングを「0:00」など好きな時間に設定すると、自動でページがそのタイミングで作られます。

3 カレンダーで1カ月を振り返る

1カ月が終わったら、ぜひ「習慣カレンダー」で1カ月の振り返りをしてみましょう。

習慣カレンダー

📐カレンダーで日付から習慣を見返す事もできます。もちろんここから☑をつけてもOKです。

🗓 カレンダー_すべて

2023年5月 　　　　　　　　　　　　　　　　　　　　　　　　　　　　　　　〈 今日 〉

月	火	水	木	金	土	日
5月1日	2	3	4	5	6	7
@2023年5月1日 50%〇 □ストレッチ ☑早起き ☑朝活 □湯船 □英語 □運動	@2023年5月2日 33%〇 ☑ストレッチ □早起き □朝活 □湯船 □英語 □運動	@2023年5月3日 50%〇 ☑ストレッチ □早起き □朝活 □湯船 □英語 ☑運動	@2023年5月4日 83%〇 ☑ストレッチ ☑早起き ☑朝活 ☑湯船 □英語 ☑運動	@2023年5月5日 50%〇 □ストレッチ ☑早起き □朝活 □湯船 □英語 ☑運動	@2023年5月6日 50%〇 ☑ストレッチ □早起き ☑朝活 □湯船 □英語 ☑運動	@2023年5月7日 50%〇 □ストレッチ ☑早起き □朝活 □湯船 □英語 □運動
8	9	10	11	12	13	14
@2023年5月8日 67%〇 ☑ストレッチ ☑早起き ☑朝活 □湯船 □英語 □運動	@2023年5月9日 67%〇 □ストレッチ ☑早起き ☑朝活 ☑湯船 ☑英語 □運動	@2023年5月10日 83%〇 ☑ストレッチ ☑早起き ☑朝活 □湯船 ☑英語 ☑運動	@2023年5月11日 0% □ストレッチ □早起き □朝活 □湯船 □英語 □運動	@2023年5月12日 0% □ストレッチ □早起き □朝活 □湯船 □英語 □運動	@2023年5月13日 0% □ストレッチ □早起き □朝活 □湯船 □英語 □運動	@2023年5月14日 0% □ストレッチ □早起き □朝活 □湯船 □英語 □運動
15	16	17	18	19	20	21
@2023年5月15日 0% □ストレッチ □早起き □朝活 □湯船 □英語 □運動	@2023年5月16日 0% □ストレッチ □早起き □朝活 □湯船 □英語 □運動	@2023年5月17日 0% □ストレッチ □早起き □朝活 □湯船 □英語 □運動	@2023年5月18日 0% □ストレッチ □早起き □朝活 □湯船 □英語 □運動	@2023年5月19日 0% □ストレッチ □早起き □朝活 □湯船 □英語 □運動	@2023年5月20日 0% □ストレッチ □早起き □朝活 □湯船 □英語 □運動	@2023年5月21日 0% □ストレッチ □早起き □朝活 □湯船 □英語 □運動

3

タスク管理

　先ほどの「習慣トラッカー」とカレンダーは連動しているので、このカレンダーにも自動で反映されます。もちろん、ここからチェックを付けてもOKです。

　ページの中に「どうして習慣化できなかったか？」などの分析を書くのもオススメです。こうして総合的に振り返ってみると、できている習慣とできていない習慣とがよくわかりそうです。

Point

✓ 身に付けたい習慣を整理できる

✓ 毎日のチェックも気軽に

✓ 定期的に身に付いたかどうか見返せる

3.3 » 自分だけの日記を 作ってみよう!

日記はNotionの代表的な使い方のひとつです。皆さんも、**日記 に挑戦してみたものの、挫折してしまった経験**があるのではないでしょうか。僕はもともと日記に苦手意識があり、いつも挫折気味だったのですが、Notionを使うことで毎日の日記を習慣にすることができました。

　ここでは僕がオススメしたいNotionでの日記の書き方をご紹介します。日記を書く上で必要な情報や、振り返った時に楽しい工夫などもぜひ参考にしてみてください。

> 一見すると日記のように見えませんが、Notionならではの使い方がたくさん詰まっています!

1 ｜ プロパティに、その日の振り返りを書いてみよう

　実際に日記の中身を見てみましょう。今回紹介する日記の書き方は少し特殊で、**ページの中に書くのではなく、ページのプロパティ部分に書いていきます。**これはなぜかというと、あとから振り返りやすくするためです。振り返り方についてはのちほど解説していきます。

　日記には大きく、「日付」といくつかの「振り返り」が書けるようになっています。その日にどんなことがあったか、何でも気楽にメモしてみましょう。綺麗な文章を書く必要はありません。**何でも思いついたことから書くのがオススメです。**

　データベースの中には、あらかじめいくつかのプロパティを用意してみました。僕の場合は「上手く寝られたかな?」「いい一日だったかな?」など振り返りたい項目を事前に決めて、あとで振り返りやすいようにしています。他にも書きたい内容が事前に決まっていれば、気軽にプロパティは増やしてみてください。

日記の中身

memo

日記のプロパティの例

- 昨日の睡眠の質(★5段階で)
- 昨日の幸福度(★5段階で)
- 昨日の振り返り
  「今日はこんなことがあって、こんなことを思った」
- 問題がある場合の原因と解決策
- 人間関係についてのメモ
- TODOのチェックボックス

column

日記を習慣にするコツ

「日記を書く」というと、夜に日記を開いて、その日一日の振り返りをするイメージがあります。しかし夜に書こうとすると、眠くなってしまって書けなかったという日もあるものです。僕の場合は、朝Notionを開き、前の日にあったことを日記に書くようにしています。「朝に書く」というのが、ひとつ習慣化しやすいポイントだと思っています。
また、一日の終わりに書くと反省点を振り返ってしまい、ネガティブな思考になってしまうかもしれません。朝に書くと寝ている間に思考が整理されて、ポジティブな気持ちで書くことができますよ。

2 | 時々俯瞰して振り返ってみよう

　ページのプロパティに日記を書くことで、**いろんな見た目で日記を振り返る**ことができるようになります。例えば、テーブルビューで詳細を振り返ったり、カレンダービューなら「幸福度」や「睡眠」を俯瞰して振り返りやすいと思います。

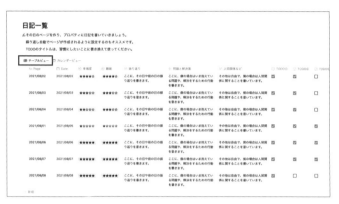

　プロパティに書くもうひとつのメリットはフィルターがかけられることです。例えば「幸福度が高い時」などでフィルターをかけてみましょう。

　こうして絞り込んで振り返ることで、「これをやったら自分は幸福度が上がるんだな」ということが客観的にわかるようになるかもしれません。ただ書くだけではなく、毎日を改善するためにも使ってみてください。

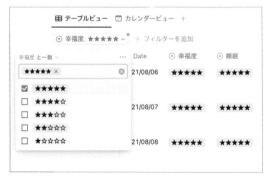

3 | 毎日見るところに配置しよう

日記の使い方がわかったら、このテンプレートを毎日見る場所に移動させましょう。僕も今では習慣化することができましたが、それまでは試行錯誤して悩んでいました。**大事なのは「日記をどこに配置するか」です。**

僕の場合は、Notion上にいくつかの情報がまとまったホーム画面ページを作っていて、そこに「今日の日記を表示する」といったフィルターを付けて貼り付けています。

別のページにリンクドビューで貼り付けた様子

3
......
タスク管理

また、設定画面から「特定のページを起動時に開く」といった設定もできます。サイドバーの一番上にこの日記を配置すれば、次回からNotionを開いた時に日記が表示されるようになります。自分にあった環境を整えてみましょう。

Point

✓ 自分だけの日記を自由に作ろう

✓ 時々俯瞰して振り返ってみよう

✓ 毎日見る場所に配置しよう

3.4 ≫ 死ぬまでにやりたい ことを書き出そう!

　皆さんは『最高の人生の見つけ方』という映画をご存じでしょうか。「死ぬまでにやりたいことリスト」を題材にして作られ、余命わずかと宣告された男性2人が、死ぬまでにやりたいことをかなえるために前向きに過ごすというとても素敵な映画です。

　Notionはこういった「常に意識したいこと」や「目標」を書き出す使い方と非常に相性がよいので、皆さんもこれを機にやりたいことをリストアップしてみてください。

こうして残る場所にまとめることで、更新や修正がしやすいのもポイントです!

1 | 死ぬまでにやりたいことを、書き出してみる

まずは「やりたいことリスト」に、**死ぬまでにやりたいと思うことをどんどん書き出してい**きましょう。

やりたいことリスト

△死ぬまでにやってみたい！と思うことを書き出してみましょう。書き出したものはジャンルを選択すると、「ボード_ジャンル別」でジャンルごとに確認できます。

仕事やプライベートの大きいイベントは「ライフイベント」のタグを付け、達成したい年を選択しましょう。

◻ ギャラリー_一覧　◻ ボード_ジャンル別　◻ テーブル_一覧

ディズニーワールドに行く	イギリスに行く	フランスに行く	結婚式を挙げる	結婚する
遊び	遊び	遊び	プライベート	プライベート
☐	☐	☐	☐	☐
副業を始める	本を書く	独立する	YouTube登録者数10万人	YouTube登録者数5万人
仕事	趣味	仕事	趣味	趣味
☐	☐	☐	☐	☐
YouTube登録者数3万人	YouTube登録者数1万人	株式会社●●に入社する	長岡花火大会に行く	別府温泉に行く
趣味	趣味	仕事	趣味	リフレッシュ
☐	☐	☐	☐	☐
フィルムカメラを買う	VLOGをする	レコードプレイヤーを買う	TOEICで700点を取る	スノボに行く
買う	趣味	買う	勉強	遊び
☐	☐	☐	☐	☐
いちごがりに行く	コーヒーを家で淹れる	海外旅行に行く	英語の勉強を始める	ドライブをする
食べる	趣味	遊び	勉強	遊び
☐	☐	☐	☐	☐

+ 新規

　「転職する」や「独立する」といった大きなイベントはもちろん、「イギリスに行く」などの行きたいところや、「スノボに行く」など思い切ってやってみたいことなどでもOKです。思いつく限りたくさん書き出してみましょう。

　書き出したら、「仕事」や「プライベート」、「趣味」など、**タグを付けてジャンルを整理**してみてください。

　また「転職する」「独立する」「結婚する」などのライフイベントには「**ライフイベント**」のタグを付けていきましょう。具体的にやりたい年・目標にしたい年を「年」の欄で選択できるようにしています。

　こうしてやりたいことを実際に書き出してみると、「**これを達成するために、今何をしないといけないんだっけ……**」と、今を大切に過ごせるような気がします。ちょっと大きな目標でも「絶対に達成するぞ！」と前向きな気持ちになれるかもしれません。

ジャンルを入力

種別と年を入力

2 | ジャンル別にやりたいことを確認する

やりたいことを書き出したら、映画の中の2人のようにやりたいことをどんどんと実行していきましょう。とはいえ、やりたいことがたくさんあると「ギャラリービュー」で項目を探すのも大変です。

そんな時は「ボード_ジャンル別」のタブで、選択した「仕事」や「趣味」などのジャンルごとに**やりたいことを確認**しましょう。ジャンルで整理されると、やりたいこともとてもわかりやすいです。

やりたいことリスト
✍死ぬまでにやってみたい！と思うことを書き出してみましょう。書き出したものはジャンルを選択すると、「ボード_ジャンル別」でジャンルごとに確認できます。
　仕事やプライベートの大きいイベントは「ライフイベント」のタグを付け、達成したい年を選択しましょう。

器 ギャラリー_一覧　| ボード_ジャンル別 |　田 テーブル_一覧

仕事 3	プライベート 2	趣味 7	遊び 7	勉強 2
副業を始める ☐	結婚式を挙げる ☐	本を書く ☐	ディズニーワールドに行く ☐	TOEICで700点を取る ☐
独立する ☐	結婚する ☐	YouTube登録者数10万人 ☐	イギリスに行く ☐	英語の勉強を始める ☐
株式会社●●に入社する ☐	＋ 新規	YouTube登録者数5万人 ☐	フランスに行く ☐	＋ 新規
＋ 新規		YouTube登録者数3万人 ☐	長岡花火大会に行く ☐	
		YouTube登録者数1万人 ☐	スノボに行く ☐	
		VLOGをする ☐	海外旅行に行く ☐	
		コーヒーを家で淹れる ☐	ドライブをする ☐	
		＋ 新規	＋ 新規	

3 | 達成できたらチェックを付ける

やりたいことリスト
✍死ぬまでにやってみたい！と思うことを書き出してみましょう。書き出したものはジャンルを選択すると、「ボード_ジャンル別」でジャンルごとに確認できます。
　仕事やプライベートの大きいイベントは「ライフイベント」のタグを付け、達成したい年を選択しましょう。

器 ギャラリー_一覧　田 ボード_ジャンル別　田 テーブル_一覧

ディズニーワールドに行く 遊び ☐	イギリスに行く 遊び ☐	フランスに行く 遊び ☐	結婚式を挙げる プライベート ☐	結婚する プライベート ☐
副業を始める 仕事 ☐	本を書く 趣味 ☐	独立する 仕事 ☐	YouTube登録者数10万人 趣味 ☐	YouTube登録者数5万人 趣味 ☐
YouTube登録者数3万人 趣味 ☐	YouTube登録者数1万人 趣味 ☐	株式会社●●に入社する 仕事 ☐	長岡花火大会に行く 遊び ☐	別府温泉に行く リフレッシュ ☐
フィルムカメラを買う 買う ☐	VLOGをする 趣味 ☐	レコードプレイヤーを買う 買う ☐	TOEICで700点を取る 勉強 ☐	スノボに行く 遊び ☐
いちごがりに行く 食べる ☐	コーヒーを家で淹れる 趣味 ☐	海外旅行に行く 遊び ☐	英語の勉強を始める 勉強 ☑	ドライブをする 遊び ☐
＋ 新規				

やりたいことが達成できたら、その項目のチェックボックスにチェックを付けましょう。またページの中の「年」の欄で達成できた年を選択しておくと、あとで見返した時にいつ達成できたかがわかってオススメです。

　毎年の終わりに、どれくらいチェックが増えたかを数えてみるのも楽しいはず。チェックが付いた項目が増えてくると達成感もあり「もっとやりたいことをやるぞ！」という気持ちになってきそうです。

達成したらチェック

3

タスク管理

4 ｜ 大切なライフイベントを確認する

　やりたいことを書き出した際に「転職する」「独立する」「結婚する」などのライフイベントにタグを付けていきました。「ライフプラン」の項目では、タグの付いたイベントのみを表示するフィルターを追加しています。

ライフプラン

上の「やりたいことリスト」で「ライフプラン」のタグを付け、年を選択すると自動でライフプラン表が完成します。
年ごとに、ジャンル別で自分のライフプランを確認してみましょう。

ボード_年別					
2023	2024	2025	2026	2027	年
▼ 仕事　2 … +					
副業を始める	株式会社●●に入社する		独立する		
▼ プライベート　2 … +					
	結婚する	結婚式を挙げる			ジャンル
▼ 勉強　1 … +					
	TOEICで700点を取る				
▼ 趣味　5 … +					
YouTube登録者数1万人	YouTube登録者数3万人	YouTube登録者数5万人		YouTube登録者数10万人	
本を書く					

　達成したい年と、やりたいことのジャンルごとにライフイベントが一覧で表示されるので、具体的にいつ達成したいかを計画しやすいはずです。確認用の表としても便利です。やりたいことリストと併せて、人生の計画を立ててみてください。

Point

✓ 死ぬまでにやりたいことを考えよう

✓ ToDoリストとして活用できる

✓ ライフプランを年表にしてみよう

3.5 》 長期間の夢や目標を かなえる方法

「今年こそは○○しよう！」と思っていてもできなかった経験は
誰にでもあるはず。目標を立てて、意識して毎日を過ごすのは
思っているよりも難しいものです。

　このテンプレートは、これまでにご紹介した「死ぬまでにやりたいことリスト」「習慣トラッ
カー」「日記」を踏襲し、**目標を設定して、それに近づくために毎日の記録を付ける**ためのペー
ジです。付けた記録は、日・月・年ごとに振り返ることができます。

ちょっと高い目標も、習
慣と振り返りを見方に
つけることできっと近
づきやすくなりますよ！

1 目標を書き出してみよう

　まずは「目標」の欄に、**今年達成したいことを書き**出していきましょう。このデータベースは、3.4節の「死ぬまでにやりたいことリスト」を応用しています。

　目標の追加は、「＋新規」のボタンから行います。目標が達成できたら、チェックボックスにチェックを付けていきましょう。

　ページ内の「DB_年」は年間の、「DB_月」は月ごとの振り返り用のデータベースです。実行したい年や月を選択しましょう。

ジャンルや時期を選択

2 毎日の習慣や日記を管理してみよう

　「毎日のログ」部分では、習慣と日記を管理できます。ここでは「習慣トラッカー」（3.2節）、「日記」（3.3節）を応用し、ひとつのデータベースにまとめてみました。イメージが湧きやすいよう、2024年の一年分の日付ページを用意しています。

　その日のログを付ける時は、ページを開いて習慣にチェックを付けたり、日記の欄に思ったことをメモするイメージです。チェックを付けると達成率が自動で表示されるため、どれくらい達成できたかがわかりやすいです。

習慣のチェックボックスと達成率

2024/01/01

振り返りはプロパティに入力

3 | 月ごとに振り返る

目標を設定し、毎日を過ごし始めたら、1カ月ごとに振り返ってみましょう。この「毎月の振り返り」は「DB_月」データベースのリンクドビューです。月の終わりに、振り返りたい月のページを開きましょう。

ページを開くと、**その1カ月間の習慣の達成状況や、達成率**が確認できます。続けられた習慣と続けられなかった習慣がわかりやすいですね。

その月に設定した目標も「今月の目標」から見られます。最初の「目標」のデータベースに紐づいているため、目標を設定した月にその目標が表示されます。達成できたものがあればチェックを付けましょう。

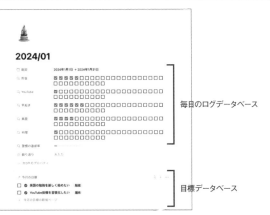

毎日のログデータベース

目標データベース

最後に「振り返り」の欄に、1カ月の振り返りを書いてみましょう。続けられなかった習慣や達成できなかったことは「なぜできなかったのか」を深掘りできると、次の月の過ごし方の参考にもなるかもしれません。

1カ月の振り返りを入力

4 一年を振り返る

一年の最後には、「一年の振り返り」から一年間を総合的に振り返ってみましょう。この項目は「DB_年」のデータベースとリンクしています。

一年の振り返り

ここから1年間を振り返ることが可能です。

🔲 ギャラリービュー

2024　　　　2025　　　　2026

＋ 新規

ページの中では、一年間の習慣の達成率や、目標がどれくらい達成できたかを振り返ることができます。「振り返り」の項目に、一年間の総合的な振り返りを記入しておきましょう。

1年の振り返りを入力

Point

✓ この章で紹介した使い方を応用しよう

✓ 作った目標や習慣を長期間で管理しよう

✓ 毎月、毎年1回ずつ、振り返るタイミングを作ろう

3.6 » スワンさん流、やりたいことをかなえる タスク管理術

章末インタビュー

　企業の会社員からフリーランス、自身の事業の代表まで、デザイナーとしてさまざまなキャリアを歩んでいるスワンさん。加えてnoteや書籍での執筆活動、YouTubeでのコンテンツ制作など、本当に精力的に活動されています。ここではそんなスワンさんに、**やりたいことをすべてかなえるための「タスク管理ページ」**についてお話を伺いました。

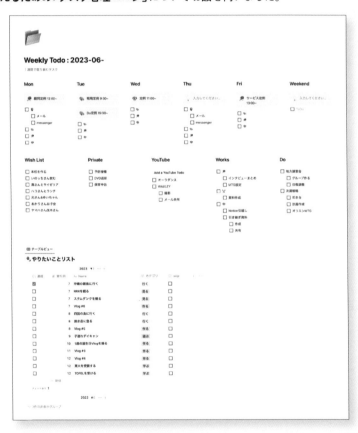

スワン（白鳥 友里恵）

YouTube：@swaaan
X（旧Twitter）：@shiratoriyurie

Designship Do 代表、事業デザイナー。サイバーエージェント、メルカリなど大手IT企業を経て2020年春に独立。2021年5月にデザイナー向けのオンラインスクール「Designship Do」を立ち上げる。Notionの推し機能はカラムと同期ブロック。

1 | 仕事もプライベートもまるっと管理

スワンさんのタスク管理は、すべてのタスクを同等に扱うことがとても大事なポイントだそうです。

「理由はとてもシンプルで、**仕事だろうとプライベートだろうとタスクをこなすのは私自身でしかなく、それをこなすのは1日24時間しかないから**です。このページは"ここを見れば仕事のこともプライベートのことも全部取りこぼさない"という、私の秘書みたいなページです」

さっそくタスク管理のページを見せてもらうと、プライベートのやることや個人で発信しているYouTubeに関すること、仕事のタスクがジャンルごとに配置されていました。

「ここにタスクを書き出して、いつやるかを振り分けていきます。このページは1週間ごとに用意しているのですが、このタスクの部分は**同期ブロック**という機能を活用して、**翌週のページに自動で繰り越される**ようになっています。使い方としては、その週の終わりに残ったタスクをそれぞれのカテゴリーに戻すと、次の週に繰り越せます」

またタスクを追加する時はただやみくもに追加するのでなく、**親子で管理すること**を意識しているのだそうです。

「親を意識せずに一列にタスクをこなそうと思って、子タスクだけバラバラと触れて結果的にひとつも案件が終わっていないことがありました。それから親タスクを潰すことをいつも意識しています」

また、プライベートのタスクは「Wish List」と「Private」に分かれていました。

「違いとしては**楽しいことが**「Wish List」で、**雑務が**「Private」。例えば「Wish List」は登山の予定とか、誰かとご飯に行きたいとかで、「Private」は予防接種に行かなきゃとか、市役所に行くとかですね」

「Wish List」はその下にあるその年の「やりたいことリスト」から、今月やりたいことをピッ

クアップしているそうです。数多くの仕事をこなしながらやりたいこともかなえる、スワンさんらしいタスク管理術だと感じました。

2 | タスクは1週間ごとに管理する

　タスクは1週間ごとに管理しているというスワンさん。そんな1週間の流れを教えてもらいました。

　「まずは週の初めに、トップページの「Add a new to-do」ボタンからその週のページを作ります。あらかじめテンプレートとしてページを作り、ボタン機能を使って簡単に呼び出せるようにしています」

　「ページを開いたらタイトルに日付を入れて、その週をどんな気分で過ごしたいかアイコンを選びます。例えば仕事を頑張りたい週は鬼のアイコンを付けたり（笑）」

「次にカレンダーを見ながら、**その週に入っている
ミーティングをコールアウトで追加**していきます。その日に作業以外のことにどれぐらい時間が取られるかを可視化するイメージです」

ちなみに、コールアウトのアイコンは、どの会社とのミーティングなのかがパッと見てわかるように設定しているそうです。

いよいよタスクを曜日ごとに割り振っていきます。

「まずは仕事関連から、副業の「Works」と自分の事業の「Do」のタスクを**一旦全部月曜日に突っ込みます**。そこから "この日この作業できないな" っていうタスクを右にずらしていきます」

タスクの量や、割り振り方にも意識していることがあるのだそうです。

「はじめは**金曜を空にする**ようにしています。週の途中で結局タスクが増えてしまうことが多いので、余白を残しておきたくて。**タスクの量は、月曜から金曜に向かって少なくなるようにするのがオススメ**です」

仕事のタスクを割り振ったら、次にプライベートのタスクを追加していきます。

「「Wish List」「Private」「YouTube」のタスクが減るように割り振っていきます。仕事の予定をずらして、一日まるごとYouTubeの撮影に費やす時もあります」

YouTube撮影などの繰り返し行うタスクは、**ボタン機能を活**

用。「Add a YouTube Todo」のボタンを押すと、動画の作成に関するタスクがすべて出るようになっていました。

このように月曜日に1週間の予定を立てたら、最後は**その日のタスクをカレンダーに入れていく**のだそうです。

「これは工数見積りの練習のために行っていて、主にログとして機能しています。あとでカレンダーを見ると、タスクがまるごとできなかった時に“なぜできなかったのか”がわかったりするんですよね。振り返って次の日以降に活かすようにしています」

memo

アーカイブが残るので
振り返りもしやすい

2019年からこのタスク管理を行っているというスワンさん。1週間ごとに作ったページは、アーカイブとして保管しているそうです。

「その週は何してたのかとか、アイコンを見ると“桜が咲いてたんだな”とか、なんとなくその時を思い出せます。忙しかった時はタイトルすら書いていなかったりします（笑）」

昔の手帳を見返すように過去のページを振り返れるのは、Notionのよさかもしれません。

》 スワンさんの推しポイント

タスクを1週間単位で見渡せる

「仕事で緊急のタスクが降ってきても、1週間単位で管理をすることで平日の5日間の中で柔軟に調整できます」

仕事だけでなく、プライベートのタスクも管理できる

「ここを見ていれば、仕事のことも自分がプライベートでやりたいことも全部取りこぼさない。“ここを見るだけでいい”というシンプルさがお気に入りです」

同期ブロックやボタンを活用して楽に運用

「ボタンの中にページをそのまま入れてしまえば、複雑なページも簡単に複製できます。翌週へのタスクの持ち越しも、同期ブロックのおかげでとても楽にできています」

≫ Chapter

4

メモ・ノート

4.1 » 忙しい大学の講義や課題を乗り切りたい!

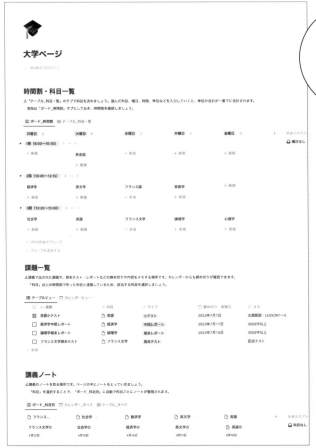

大学のような学校では「時間割を決める」「ノートをとる」「期末試験をやる」など、学期ごとに同じことの繰り返しが多いものです。僕が大学生の時には、Notionのようなサービスがなかったので、大学のポータルサイトやEvernoteなど、さまざまなツールを並行して使っていました。

Notionなら、**講義や課題に関するメモとの相性もよく**、一度自分の使いやすい大学ページを作ってしまえば、**学期ごとに複製して使い回せる**のがうれしいポイントです。

> 一箇所にまとめることで「大学に関することはここを見ればよい」という安心感が生まれますね!

1 │ 単位を計算しながら、受けたい科目を検討

　大学でまず頭を悩ませるのが、単位です。必要な単位を取りながら時間割を立てていくのは、結構難しい作業です。そんな作業も、**Notionなら単位を自動で計算できる上に、自動で時間割の表を作ってくれます。**

　まずは「時間割・科目一覧」の「テーブル_科目一覧」タブで、**必須科目や気になる科目をリストアップ**していきましょう。「曜日」や「時限」、「単位」など、表の項目も順番に埋めていきましょう。

　単位を入力すると、自動で一番下に合計が出るようになっています。合計を見て、曜日や時限の被りに気をつけながら、単位と取りたい科目を調整していきましょう。

入力する時はテーブルビュー

memo

メモしたい項目の種類

ここでは例として、以下をプロパティに追加してみました。他にも「あったらいいな」と思う項目はぜひ追加をしてみてください。
- ●曜日　●時限　●単位　●教室
- ●評価　●メモ

2 │ 時間割が自動で完成

　「テーブル_科目一覧」のタブで取りたい科目が決まったら、「ボード_時間割」のタブに移ってみてください。すると、**自動でこのような時間割表が完成している**はず。

　普段はこのタブを見て、毎日の時間割を確認しましょう。色分けで曜日もわかりやすく、一覧して週のスケジュールが確認できます。

確認する時はボードビュー

3 | テストやレポートの日もメモできる

　大学では期末テストや期末レポート以外にも、小テストや中間テストなど、細かい課題がたくさんあります。いくつもの講義が並行して進むので、**課題の締め切りや範囲をうっかり忘れてしまわないように、Notionにメモ**をしておきましょう。

　課題が出されたら、「課題一覧」の「テーブルビュー」で新規ページを作成します。「科目」は先ほど時間割を決める時に作った科目と紐づいているので、該当の科目を選択しましょう。

　次に課題のタイプ（テスト・レポート）や、大事な締め切り・テストの実施日を選択します。文字数や出題範囲なども、メモ欄に書いておくと一緒に確認できて便利です。

　また、自動で隣のカレンダータブにも反映されるので、締め切りや実施日の日付から課題をチェックすることもできます。

詳細と日付を入力　　　　　　　　　　　　　　　　カレンダーに反映

4 | 講義ノートもNotionで

　紙だとどんどん増えていきがちなノートも、**デジタルならパソコンやタブレットひとつでとても身軽になります**。最近はWebの講義も多いと思うので、**講義のスクリーンショットや資料の添付ができるのも、デジタルノートならではの魅力**なのではないでしょうか。

ノートをとる時は、「講義ノート」から新規ページを作成します。タイトルに講義名を入れたら、科目を選択します（この科目も、時間割の科目と紐づいています）。受講日を選択したら、あとはページの中身にノートをとっていくだけです。

ノートの中身は、**「目次」のブロックを最初につけると、見やすくなってオススメ**です。

また作ったノートは、自動で「ボード_科目別」のタブに科目ごとにノートが整理されます。「カレンダー」のタブでは、受講日ごとに作ったノートを見ることもできます。

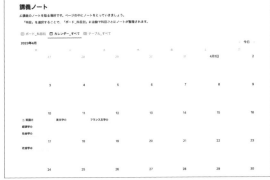

4

… メモ・ノート

column ノートの貸し借りも、デジタルなら簡単に

学生生活の中であるあるのシーンといえば、ノートの貸し借り。僕も学生時代はノートを貸したり、逆に貸してもらったりして、友達と支え合って過ごしていました（笑）。そんな貸し借りも、Notionなら遠隔で一瞬。ページ右上の「共有」からそのノートのページに招待したり、URLを発行したりすることができます。

Point

- ✓ 大学の時間割を簡単に作れる
- ✓ 締め切りのスケジュール管理ができる
- ✓ 講義ノートもデジタルで完結する

4.2 » 読んだ本や読みたい本をまとめる方法

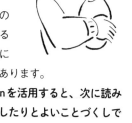

皆さんは、数年前に読んだ本の内容を覚えているでしょうか。その時は学びになったと思っても、時間が経つと忘れてしまうことがあるかもしれません。僕自身も、大切にしたい内容だと思った本は手元に取っておくようにしていますが、記憶が薄れているものもたくさんあります。

そんな時にオススメなのがこのテンプレートです。**読書にNotionを活用すると、次に読みたい本を整理できたり、感想をアウトプットすることで記憶が定着したりとよいことづくしです。**

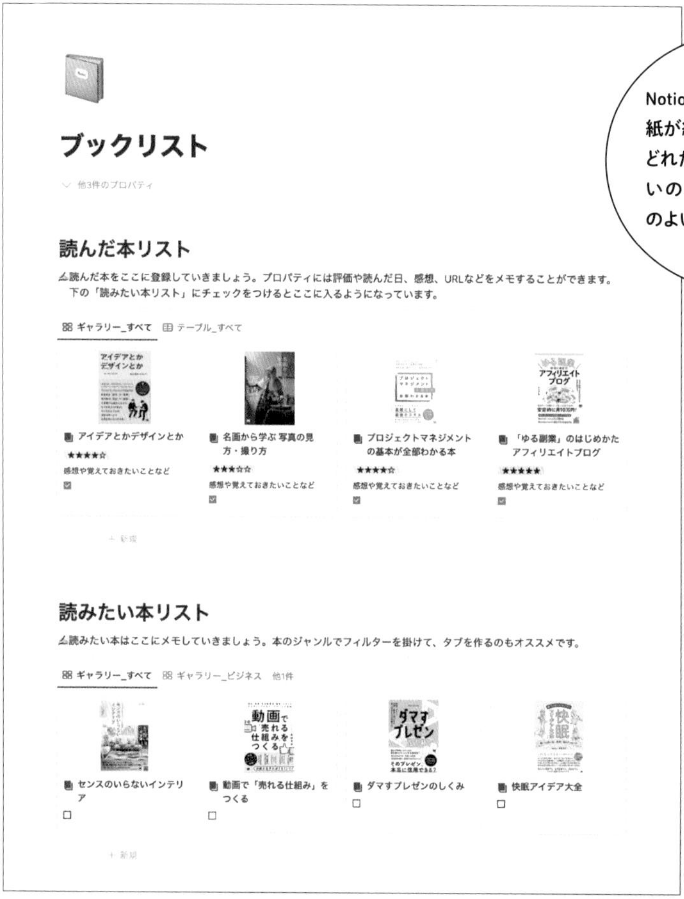
ブックリスト
他3件のプロパティ
読んだ本リスト
読んだ本をここに登録していきましょう。プロパティには評価や読んだ日、感想、URLなどをメモすることができます。
下の「読みたい本リスト」にチェックをつけるとここに入るようになっています。
ギャラリー_すべて
テーブル_すべて
アイデアとかデザインとか
★★★★☆
感想や覚えておきたいことなど
☑
名画から学ぶ 写真の見方・撮り方
★★★☆☆
感想や覚えておきたいことなど
☑
プロジェクトマネジメントの基本が全部わかる本
★★★★☆
感想や覚えておきたいことなど
☑
「ゆる副業」のはじめかた アフィリエイトブログ
★★★★★
感想や覚えておきたいことなど
☑
+ 新規
読みたい本リスト
読みたい本はここにメモしていきましょう。本のジャンルでフィルターを掛けて、タブを作るのもオススメです。
ギャラリー_すべて
ギャラリー_ビジネス
他1件
センスのいらないインテリア
☐
動画で「売れる仕組み」をつくる
☐
ダマすプレゼンのしくみ
☐
快眠アイデア大全
☐
+ 新規

Notionならタイトルと表紙が綺麗にまとまります。どれだけ増えても問題ないのがデジタルな本棚のよいところですね!

1 ｜ 自分だけの本棚を作ってみる

　まずは、**これまでに読んだ本を「読んだ本リスト」に登録**してみましょう。すべてを洗い出すのは難しいと思うので、まずは実際に本棚に残っている本や、「この本よかったな」「また読み返したいな」と思うお気に入りの本をぜひ入れてみてください。

　登録の仕方は、「読んだ本リスト」から新しいページを開き、タイトルに本のタイトルを入れます。次に本のジャンルを選択し、**読んだ日**（覚えていたらでOK）、**個人的評価**（★5つ）を埋めていきます。

　他にも、感想や覚えておきたいことなどがあればメモ欄にメモをしたり、購入先のURLも埋めておくと、友人など人にオススメしたい時にパッと送ることができるので便利です。

　また、「ギャラリービュー」で画像で一覧して本棚が見られるように、ページの中にぜひ本の表紙の画像を入れてみてください。

memo

メモしたい項目の種類

ここでは例として、以下をプロパティに追加してみました。他にも「あると便利だな」と思うものがあれば、気軽に追加してみましょう。

- 読んだかどうかのチェックボックス
- 読んだ日
- URL
- 本のジャンル
- 評価
- メモ

＊翔泳社の本（https://www.shoeisha.co.jp/book）に掲載されている公式画像より。

2 | 読みたい本をメモしておく

　読みたいと思った本を見つけても、「今の本を読み終わってから買いたいな」「お金に余裕がある時に買いたいな」と思うこともあります。そんな時は、**読みたい本を忘れないように、「読みたい本リスト」にメモ**をしておきましょう。

　リストへの追加は、「読んだ本リスト」と同じように、本のタイトルを入れたらプロパティを埋めていけばOK。見つけやすいように、本の画像もページの中に貼っておきましょう。

3 | 読んだらチェックで「読んだ本リスト」へ

　「読みたい本リスト」の本を実際に読んだら、「読んだ本リスト」に移していきましょう。

　この2つのリストはひとつのデータベースにフィルターをかけて表示しているので、**チェックボックスにチェックを付けるだけで「読んだ本リスト」に移すことができます。**

　チェックを付けたら、あとは「読んだ本リスト」の登録の時と同じように、ジャンルや読んだ日、評価、感想などをメモしておきましょう。

4 | 絞り込んで本を探してみる

　読んだ本が増えてきて本を探すのが大変になってきたら、「テーブルビュー」で「フィルター」を掛けて探してみましょう。人にオススメの本を聞かれた時にも、パッと本を探すことができます。

　探し方は、「ジャンル」でビジネス書や自己啓発本などの括りで探してみたり、「評価」で絞ることもできます。

　オススメのビジネス書を探したい時などは、ジャンルを「ビジネス」にし、評価を「★4と5」でフィルターを掛ける、という使い方も。これなら本が増えても探しやすいです。

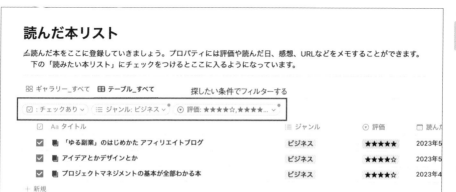

Point

- ✓ デジタルな本棚を作ってみよう
- ✓ 感想や評価をまとめてみよう
- ✓ 振り返りやすいように整理しよう

4.3 ≫ 勉強のスケジュールや ノートは置き換えられる

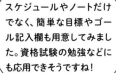

　勉強に使うノートって、気づけば何冊も増えてしまいがち。また、時間が経ってから振り返りたい時「あのノートどこだっけ」ということもありますよね。

　Notionなら、**デジタル上ですべてのノートを管理でき**、タグを付けることで**講座や科目ごとに簡単に整理**できます。また、**作ったノートページがそのままスケジュールになる**ので、一箇所で勉強が完結するのもNotionのよいところです。

> スケジュールやノートだけでなく、簡単な目標やゴール記入欄も用意してみました。資格試験の勉強などにも応用できそうですね！

1 | 勉強のゴールと、目標やTODOを書き出そう

勉強を始める前に、「なぜその勉強をするのか」「勉強をした先に自分がどうなっていたいか」など、**勉強の大きなゴール**を書いてみましょう。勉強をする時に必ず目に入るところにメモをしておけば、きっとモチベーションが保ちやすくなります。

また毎月の始めには、**その月の目標やTODO**を書き出してみましょう。目標やTODOを月ごとに細かく設定することで、今やるべきことがわかって勉強に取り掛かりやすくなります。

2 | 勉強のスケジュールを立てよう

ゴールや目標が立てられたら、**そこから逆算して勉強のスケジュールを立てていきましょう。** データベースの「タイムラインビュー」を使っていきます。

まずは各講座（教材であれば各章など）の項目を作り、タイムラインに勉強のスケ

ジュールをざっくり立てていきましょう。**タイムラインビューは週ごとのスケジュールが立てやすく、見やすいのもポイント**です。

また、このスケジュールの項目がこの後そのままノートになるので、「ジャンル」のタグでノートを分類しておくのがオススメです。

スケジュールの立て直しも簡単

column

勉強が思い通りに進まなかった時に、スケジュールを立て直す作業ってなかなか大変ですよね。Notionのタイムラインビューなら、もし思い通りに勉強が進まなかった時も、タイムラインのバーを横にずらすだけで簡単にスケジュールが調整できます。

3 | ノートもNotionの中に書いていこう

　実際に勉強する日になったら、**スケジュールを立てる時に作った項目のページの中に、勉強のノートを作っていきましょう**。ノートもNotionに取ることで、持ち運びもパソコンやタブレットひとつで済むのがうれしいポイントです。

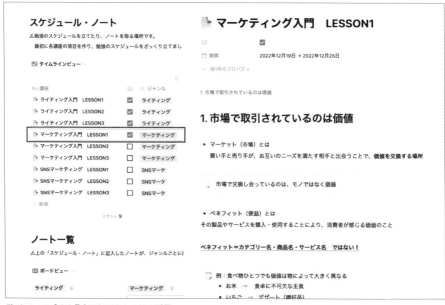

データベースに入れた予定はそのままノートとして活用

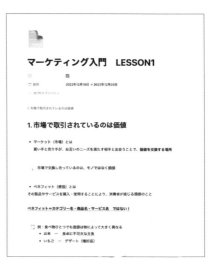

　ノートの取り方は、基本的に紙と同じでOKです。マーカーを引きたいところは文字の背景色を変えたり、「コールアウト」を使って文字を囲い、メリハリを付けるのもわかりやすいです。

　またこの時、もし勉強をした日が立てたスケジュールとずれてしまったら、実際に勉強した日に修正しておきましょう。スケジュールは記録にもなるので、あとで見返した時も、いつ勉強をしたかとノートの中身が一緒にわかって振り返りやすくなります。その日の勉強が終了したら、チェックボックスにチェックも付けておきましょう。

4 ノートを使った復習も簡単

　スケジュールの下には、ノートを振り返りやすいように一覧を用意しました。ここでは**書いたノートをジャンル別に振り返る**ことができます。前回のノートを振り返って、勉強した内容がきちんと頭に入っているか、復習してみましょう。

ノート一覧

上の「スケジュール・ノート」に記入したノートが、ジャンルごとに確認できるフィルターをかけています。ノートをあとで見返す時に便利です。

Ⅲ ボードビュー

ライティング 3	マーケティング 3	SNSマーケ 3	webデザイン 0	+
ライティング入門 LESSON1	マーケティング入門 LESSON1	SNSマーケティング LESSON1	＋ 新規	
ライティング入門 LESSON2	マーケティング入門 LESSON2	SNSマーケティング LESSON2		
ライティング入門 LESSON3	マーケティング入門 LESSON3	SNSマーケティング LESSON3		
＋ 新規	＋ 新規	＋ 新規		

4
···
メ
モ
・
ノ
ー
ト

column

イベントや、
参考図書もメモできる

最後には、参加したイベントや、読みたい参考図書をメモできる欄も用意してみました。関連するイベントやウェビナーに参加する時は、ぜひここにメモを取りながら参加してみてください。

イベント・参考図書

参加したイベントや、読んだ・読みたい参考図書はここにメモしておきましょう。

ギャラリービュー

Web ライティング

Webライティング
□
ライター

＋ 新規

Point

✓ 勉強のスケジュールが簡単に立てられる

✓ あのノートどこ行ったっけ、がなくなる

✓ デジタルノートで持ち運びも楽に

4.4 ≫ もっと自分に合った 単語帳を作ろう!

　英語をはじめ、もし何かの単語を覚えたい時はNotionがあると便利です。それは、**自分のオリジナルの単語帳を作ることができるから**。以前僕が英語学習をしていた際は、こんな悩みがありました。

「何回も同じ単語を間違えてしまう」
「例文が自分に関係ないことだから覚えにくい」
「写真と一緒に暗記したい」

　単語のためのアプリやサービスは非常にたくさんありますが、自分にあったものがなかなか見つからない時もあります。このテンプレートも、ぜひ皆さんオリジナルのものに調整しながら使ってみてください。

Notionにまとめるという行為も、暗記がしやすくなるのでオススメです!

1 覚えたい単語を登録してみる

まずは、**覚えたい単語を単語帳に登録**してみましょう。この単語帳は、英語はもちろん、その他の言語でも同じように使うことができます。ここでは英単語を例にして使い方をご紹介します。

はじめに「単語帳」に新しいページを作成します。ページのタイトルには、**覚えたい英単語**を入れましょう。

単語のページを作ったら、次にプロパティを埋めていきます。名詞や動詞などの単語の種類を選択し、「訳」の欄には**単語の訳を入れ**ましょう。例文がある場合は、例文とその訳も記入しましょう。

これで、デジタル単語帳の完成です。

memo

メモしたい項目の種類

ここでは例として、以下をプロパティに入れてみました。

- 種類（名詞・動詞…）
- 例文
- 覚えられたかのチェックボックス
- 訳
- 例文訳
- 答えを見た回数

2 スマートフォンで単語を覚える

単語帳への登録が終わったら、いよいよ単語を覚えていきます。使うのは、先ほどの「ギャラリー＿単語帳」のタブ。スマートフォンで開くと紙の単語帳に近い形になります。

使い方は、上から順に単語の意味を想像し、**単語帳をめくる代わりに、ページをタップで開いて訳を確認**します。**単語を覚えたら、チェックボックスにチェックを付け**ていきましょう。

また、「答えを見た回数」を記入する欄も用意してみました。**1回で覚えられなかった単語は答えを見た回数をメモしておくと、あとで覚えにくかった単語がわかってオススメ**です。

僕のオススメの勉強法は、通勤時間や休憩の時間など、隙間時間にサッと覚える方法です。スマートフォンならほとんど常に持ち歩いているので、ちょっとした隙間時間にサッと見られるのがうれしいポイントです。

答えを見た回数が
視覚化

外出先でもパッと単語を追加できる

column

外出先で気になった単語や覚えたい単語を見つけた時も、スマートフォンからすぐに単語帳に追加できます。
紙の単語帳だとペンや書ける環境が必要ですが、スマートフォンでどこでも単語帳が作れるのはとても便利です。

3 | 覚えていない単語が残り続けるので、効率よく学習できる

覚えた単語のチェックボックスにチェックを付けると、単語を覚える画面の「ギャラリー_単語帳」には表示されなくなります。つまり、**自動的に覚えていない単語が残り続ける仕組みになっている**という訳です。

覚えた単語は何度も見る必要がなく、本当に覚えられなかった単語だけを覚えることができるので、効率よく学習ができるはずです。

覚えた単語には
チェック

4 │ 苦手な単語を復習

☐ 答えを見た回数	Aa 単語	☰ 訳	☰ 種類	☰ 例文	☰ 例文訳
☑ 1	budget	予算	名詞	The project has a budget of $20 million.	そのプロジェクトの予算は2000万ドルだ
☐ 3	contract	契約	名詞	We won a contract to build the facility.	私たちはその施設を建設する契約を獲得した
☑ 1	interview	面接	名詞	He was late for the interview.	彼はその面接に遅刻した
☐ 5	bill	請求書	名詞	I forget to pay the bill.	私はその請求書の支払いをするのを忘れた
☐ 6	candidate	候補者	名詞	There are three candidates for the position.	その職には3人の候補者がいる
☐ 8	facility	施設	名詞	The company has several research facilities.	その会社にはいくつかの研究施設がある
☐ 7	itinerary	旅行計画	名詞	Have you planned your itinerary?	旅行計画は立てましたか?
☐ 3	reservation	予約	名詞	I had to cancel my hotel reservation.	私はホテルの予約をキャンセルしなければならなかった
☐ 4	admission	入場	名詞	Last admission to the zoo is at 4 p.m.	その動物園の最終入場は午後4時だ
☑ 2	banquet	宴会	名詞	The banquet will be held on April 25.	その宴会は4月25日に開かれる予定だ
☑ 5	benefit	給付金	名詞	We offer a competitive salary, plus benefits.	当社は他社に負けない給与と、さらに手当を提供します
☐ 6	degree	学位	名詞	Applicants must have a degree in accounting.	志願者は会計学の学位を有していなければならない
☐ 3	estimate	見積もり	名詞	He made an estimate of the costs.	彼は経費の見積もりを作成した
☐ 4	expense	費用	名詞	She tried to cut down on her living expenses.	彼女は生活費を切り詰めようとした
☐ 2	figure	数字	名詞	US employment figures improved last month.	先月、米国の雇用者数は改善した
☑ 3	property	財産	名詞	This land is government property.	この土地は国有財産だ

単語が一覧できる
テーブルビュー

ある程度単語が覚えられたり、目標にしている試験に近くなってきたら、「テーブルビュー」で復習をしてみましょう。ここでは**単語の訳や例文を一覧して**チェックできます。

単語と訳を改めて見るのもいいですし、例文で復習をするのもオススメです。

スマートフォンであればちょうど例文だけが画面に映るので、訳を想像したら右にスクロールして答えを確認する、という使い方がオススメです。

また「答えを見た回数」が多い単語は、重点的に復習をしておきましょう。

< 📕 英単語帳   ⬆ 💬 ⋯

⊞ テーブル_すべて ⌄   新規 ⌄

🔍 検索 ＋ フィルターを追加

☰ 例文
The project has a budget of $20 million.
We won a contract to build the facility.
He was late for the interview.
I forget to pay the bill.
There are three candidates for the position.
The company has several research facilities.
Have you planned your itinerary?
I had to cancel my hotel reservation.
Last admission to the zoo is at 4 p.m.
The banquet will be held on April 25.
We offer a competitive salary, plus benefits.
Applicants must have a degree in accounting.
He made an estimate of the costs.
She tried to cut down on her living expenses.
US employment figures improved last month.
This land is government property.
☰ 🔍 🔔 ⊞

スマートフォンで
答えを隠しながら
勉強できる

Point

✓ 自由に単語を整理しよう

✓ スマートフォンから簡単に確認できる

✓ 間違えた回数も視覚化できる

4.5 » あとで読むWebページを 保存しよう!

　ホームページやブログなどのWebサイトを見ている時、「あとでじっくり読みたいな」「素敵なページだからクリップしておきたいな」と思うことがよくあります。そんな時はNotionの出番です。**NotionでWebサイトをクリップし、管理することで、自分だけのWebサイトリストを作ることができます。**

　ブラウザのブックマークが散らかってしまっている人や、定期的に訪れるサイトがたくさんある人にもオススメの管理方法なので、ぜひ活用してみてください。

いつ、どんなページをストックしたかがわかりやすいので、お気に入りの記事の集まったWebメディアのような感覚で読み返すことができますよ!

1 あとで読みたいと思ったページをクリップする

Webクリップページ
の使い方は至ってシンプ
ル。「あとでじっくり読み
たいな」「素敵なページだ
からクリップしておきた
いな」と思うページが
あったら、この「Webク
リップ一覧」にクリップ
していきます。

手動でサイトをクリップする

もちろん手動でもリストに入れていくことができます。
「Webクリップ一覧」に新規ページを作成し、タイトルに
は記事のタイトルを記入します。タグで記事のジャンル
を選択したら、URLの欄にその記事のURLを入れれば
OKです。

ページの中にはそのサイトのバナーやメインの画像を
入れておくと、「ギャラリービュー」で探しやすくなって
オススメです。

タイトル、ジャンル、URLを追加

ブラウザの拡張機能を使ってクリップする

オススメは、Notion公式の拡張機能「Webクリッパー」
を使う方法（6.2参照）。Webサイトから簡単にNotionに
ページを保存できます。使い方は、保存したいページで
拡張機能のNotionのアイコンをクリックし、保存先に
Webクリップのページを選択するだけです。ジャンルの
タグもこの場で選択できます。

そしてこの拡張機能のポイントは、Webサイトの中身
もそのままNotionのページ内に保存されることです。サ
イトのテキストはもちろん、画像もそのまま入るので、
「ギャラリービュー」用のバナーの画像も自動で入ってく
れます。

データベースとワークスペースを選択

4
…
メ
モ
・
ノ
ー
ト

2 | クリップした記事を探して読む

保存したページは、「テーブルビュー」からも、「ギャラリービュー」からも探すことができます。

「テーブルビュー」で絞り込んで探す

保存したWebサイトを探すのが大変になってきたら、「テーブルビュー」で「フィルター」を掛けて探してみましょう。「あのジャンルのページが読みたい」という時に、「ジャンル」でフィルターを掛けるとそのタグを選択したサイトだけが出てきます。

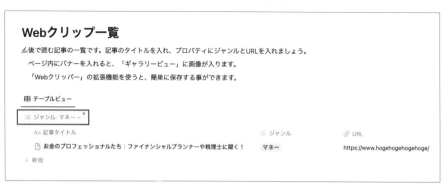

好きなジャンルだけの記事を表示

「ギャラリービュー」でバナーから探す

テーブルビューの下の「ギャラリービュー」では、バナーからサイトを探すことができます。こうして画像で見ると記事の中身もわかりやすく、より探しやすくなりそうです。

column

クリエイティブな仕事にも

このテンプレートは Web デザイナーやイラストレーター、映像クリエイターなど、クリエイティブな仕事をしている方にもオススメです。参考になったページや、デザインに活かせそうなお気に入りのページを保存していけば、いつでも引き出すことができる、自分だけの Web サイトギャラリーを作ることができます。

3 | Notion 上で Web サイトを読む

拡張機能で Web サイトを保存した場合は、Notion のページの中にサイトの中身がそのまま入るので、**Notion 上でその Web サイトを読むこともできます。**自分が「いいな」と思った箇所にマーカーを引いたり、自分の感想を最後に書いたりと、ぜひ自由にアレンジして使ってみてください。

Web サイトの中身が自動的に保存される

4

… メモ・ノート

Point

✓ 時間がない時は Notion に記事を保存

✓ 記事が多くなっても整理しやすい

✓ Notion だけで完結できる

4.6 >> YouTuber 平岡さんの、メモやアイデアをiPadで形にする方法

YouTubeを中心に、さまざまなiPadの使い方を紹介している平岡さん。実は活動を始めた当時からずっと、Notionでアイデアや投稿の管理を行っているそうです。ここではそんな平岡さんに、**アイデアの作り方から動画の台本、分析までを一元管理している「コンテンツ管理ページ」**についてお話を伺いました。

平岡雄太

YouTube：@Yuta_Hiraoka
X（旧Twitter）：@yuta_hiraoka

1990年関西生まれ。大阪大学法学部法学科卒業。ヤフー株式会社に入社後、中小代理店の営業に従事。2017年に株式会社ドリップを設立。インフルエンサーによるモノづくりを掲げ、Makuake支援額9000万円に達したバックパックほかヒット商品を開発、販売。iPadを始めとしたガジェットの活用法や、ライフスタイルを紹介するYouTubeは登録者数36万人（2023年7月現在）。Notionの推し機能はボードビュー。

1 | アイデアを俯瞰できるボードビュー

平岡さんのコンテンツ管理は、アイデアをメモするところから始まります。

「このページはざっくりいうと**"動画のネタ帳かつアーカイブする場所"**になっています。**iPadやスマホから思いついたアイデアをパッとメモする**ように使っていて、動画を撮る時はここからネタを選んでいます」

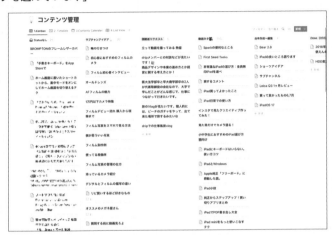

取材時に入っていたアイデアは、なんと100個以上もありました。

「自分で思いついたものから、友達のふとした一言、ネタになりそうなWebサイト、視聴者さんからのリクエストなど、すべてここに入っています。**全部一箇所に集めることで、ここを見れば動画のネタが考えられる**というのがとてもシンプルで便利なんです」

そんな平岡さんのデータベースはボードビューが中心。このビューを選んだことにも理由があるんだそう。

「ボードビューにしている理由は、アイデアを組み合わせることが多いからですね。例えばアプリを紹介しようと思った時に "このアプリひとつで動画1本はきつそうだな……" って思う時が結構あって。そういう時にボードビューでアイデアを俯瞰していると "○○なアプリ4選" みたいにアイデアを組み合わせられることがよくあります」

これまで数百本の動画を作っている平岡さん。時にはアイデアを組み合わせることで、これほど多くの動画を作られているんですね。

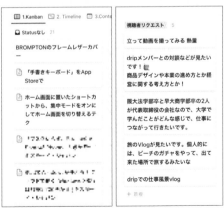

4

4

… メモ・ノート

2 | 採用したアイデアはそのまま台本に

YouTubeを撮る時は必ず台本を書くという平岡さん。一つひとつのアイデアを開くと、なんと中身がすべて台本になっていました。

「僕の台本の作り方は、まずはアイデアの箱だけ作っておきます。例えばアプリの紹介だったら、**実際にそのアプリを使いながら、いいなと思ったところを箇条書きでちょっとずつ追加**していって。当日に撮る動画を決めたら、最後にそれを文章にして台本を仕上げていきます」

日頃からiPadを中心に使っている平岡さん。**アイデアのメモや台本の作成も、基本的にはiPadで行っている**のだそうです。

「たまにiPhoneでも書いたりするけれど、大きな画面の方がアイデアが浮かびやすくて。**iPad1台でも完結できるのがNotionのよさ**ですよね」

この**"アイデアをそのまま台本にする"**という方法、実はYouTubeを始める前のブロガー時代から続けているのだそう。

「昔はTrelloっていう別のアプリを使っていて、そこからNotionに移行しました。NotionはTrelloに比べてボードビューでタスクの管理もできつつ、メモの機能が充実しているので、より一箇所で完結しやすくなったと思います」

アイデアをメモするところから動画の台本まで、iPadひとつでスムーズに作成できる点が、平岡さんがNotionを使う理由のひとつなのですね。

台本はタグを付けて整理

memo

投稿前はカレンダーや
リストも活用

動画投稿にはボードビューだけでな
く、カレンダービューやリストビュー
も役立つのだそう。
「カレンダーならアップする曜日の
偏りがわかったり、リストならこれま
でのアイデアを一気に俯瞰するこ
とができるところが便利ですよね」

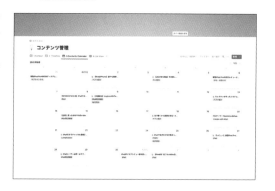

4

⋯メモ・ノート

3 | 進捗や公開後の分析も同じ場所で

作成したアイデア兼台本は、撮影後はそのまま進捗管理や分析にも活用されていました。
**「ボードビューがそのまま進捗管理にもなるので、撮影し終わったらカードを「編集中」のタ
グに移して。編集が終わったらアップするその月のタグに移せば、それがそのままアーカイブ**

になっていきます」

タグでそのコンテンツをいつアップしたかが残るので、振り返る時に便利なのだそうです。

さらに真似したいと思ったのは、動画の分析に使っているというオリジナルのチェックリスト。

Aa チェック項目	評価	コメント
自分にとって面白い動画だったか？	はい	iPhone 14 Proの良い点を伝えたかった
自分にしか作れない動画か？	いいえ	iPhoneのレビュー自体は他でも多くある
視聴者にとってためになる動画か？	はい	購入してから一定期間使い込んだ上での感想である
公開は最適なタイミングだったか？	はい	発売から半年なので話題性はない
公開前に不安はなかったか？	はい	
公開後当日の順位	8/10	30分後

「動画を出してから後悔することが結構多くて。**動画を作る前に"これって本当にいい動画かな"って自分の中で判断するために、動画チェックシートというものを作りました**」

動画チェックシートには、公開当日の順位をメモする欄もありました。

「当日の順位って残らないので、このメモが結構役立っています。例えば3カ月経ってその動画が1位になっても、当日は10位だったこともあるので、当日の評価だけじゃないなって安心できたりします」

ずっと残らない数字をメモしておくのも、ぜひ真似したい使い方だと感じました。

≫ 平岡さんの推しポイント

アイデアを俯瞰できて、組み合わせられる

「アイデアを俯瞰できると"これとこれ組み合わせられるじゃん!"ってよく思いついたりします。iPadひとつでこれだけ動画が出せるのは、このボードビューのおかげですね」

台本もチェックシートも自由に作れる

「アイデアのカードがそのまま動画の台本になったり、進捗管理ができたり、オリジナルのチェックシートも作れるので、すべてをここで完結できるのがとても便利です」

分析を兼ねたデータベースになっている

「いつどんなコンテンツを出したのかや、どれくらい再生されたのか、当日の順位や自分の評価などを残しておくと、振り返りもしやすいです」

» Chapter

5

暮らし

5.1 》苦手な大掃除を 少しだけ簡単にする方法

突然ですが、僕は大掃除が苦手です。毎年年末になると重い腰を上げて取り掛かろうとするのですが、そもそもどこから始めればいいのか、はたまたどうやって掃除すればいいのか、いつも1年後にはわからなくなってしまいます。

そんな**たまにしかやらないことこそ、Notionにまとめておくのがオススメ**です。次の年になったら、過去の自分に感謝すること間違いなしです！

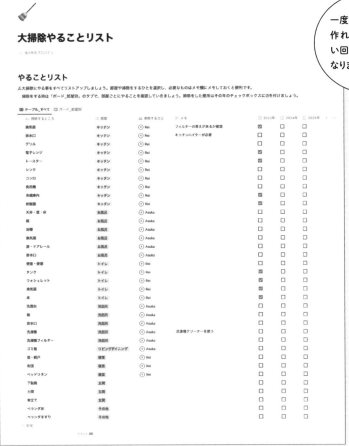

一度だけ頑張って作れば、ずっと使い回せるページになりますね！

1 　掃除をする箇所を、部屋ごとにリストアップ

　掃除に取り掛かる前に、まずは掃除をしたい箇所をリストアップしていきましょう。「やることリスト」の「テーブル＿すべて」に、掃除をする箇所リストを作っていきます。

　キッチンや水回り、リビングダイニング、寝室など、**部屋ごとに掃除が必要な箇所を洗い出し、書き出していきましょう**。「部屋」のタグを付けながら書き出していくのがオススメです。

すべてリストアップできたら、複数人で掃除をする場合は「掃除するひと」の欄で掃除の分担を決めていきましょう。

　掃除方法や掃除をする際に必要なものなどがあったら、メモ欄に書いておくと次の年も忘れないのでオススメです。

掃除の箇所を入力する際はテーブルビューで

2 　大掃除当日は、部屋別にやることをチェック

　掃除をする箇所を洗い出すと、「ボード＿部屋別」のタブに、このように部屋ごとにやることリストが完成します。**大掃除当日は、ここを見て部屋ごとに掃除をする箇所をチェック**しましょう。これなら「どこを掃除したらよいんだっけ？」と困ることもなく、手を付けやすくなりそうです。

部屋ごとに確認できるボードビュー

3 | 掃除ができたらチェックを付ける

掃除が終わった箇所は、その年のチェックボックスにチェックを付けていきましょう。すると、このように終わった箇所と終わっていない箇所が一目瞭然に。あとどれくらい残っているかもわかりやすいです。

やることリスト

✍ 大掃除にやる事をすべてリストアップしましょう。部屋や掃除をするひとを選択し、必要なものはメモ欄にメモしておくと便利です。

　掃除をする時は「ボード_部屋別」のタブで、部屋ごとにやることを確認していきましょう。掃除をした箇所はその年のチェックボックスに☑を付けましょう。

▦ テーブル_すべて　⊞ ボード_部屋別

キッチン 10	お風呂 6	トイレ 5	洗面所 4	リビングダイ: 8	書斎 3	寝室 4
トースター	排水口	タンク	鏡	床	窓・網戸	ベッドリネン
☑ 2023年	☐ 2023年	☑ 2023年	☐ 2023年	☐ 2023年	☐ 2023年	☐ 2023年
冷蔵庫内	扉・ドアレール	床	排水口	ダイニングテーブル	デスク周り	布団
☑ 2023年	☐ 2023年	☑ 2023年	☐ 2023年		☐ 2023年	☐ 2023年
電子レンジ	鏡	換気扇	洗濯機フィルター	クッション	エアコン	窓・網戸
☑ 2023年	☐ 2023年	☑ 2023年	☐ 2023年	☐ 2023年	＋ 新規	☐ 2023年
炊飯器	換気扇	ウォシュレット	洗面台	ラグ		エアコン
☑ 2023年	☐ 2023年	☑ 2023年	☐ 2023年	☐ 2023年		☐ 2023年
換気扇	浴槽	便座・便器	洗濯槽	窓・網戸		＋ 新規
☑ 2023年	☐ 2023年	☐ 2023年	☐ 2023年	☐ 2023年		
シンク	天井・壁・床	＋ 新規	＋ 新規	ゴミ箱		
☐ 2023年	☐ 2023年			☐ 2023年		
食洗機	＋ 新規			エアコン		
☐ 2023年				☐ 2023年		

終わった箇所にチェック

　チェックが増えていくことでちょっとした達成感もあり、これなら少し気が向かない大掃除も楽しくできそうな気がしてきます。

---

column

**パートナーや家族と共有して、
一緒に掃除してみよう！**

このテンプレートは、パートナーや家族と共有して、一緒に掃除をするのに非常にオススメです。Notionなら作ったページを共有できるのでみんなで協力しながら掃除ができます。大掃除当日は各々スマートフォンでリストを確認しながら、掃除を進めていきましょう。

4 ｜ 次の年以降も、そのまま使える

やることリスト

🖊 大掃除にやる事をすべてリストアップしましょう。部屋や掃除をするひとを選択し、必要なものはメモ欄にメモしておくと便利です。

掃除をする時は「ボード_部屋別」のタブで、部屋ごとにやることを確認していきましょう。掃除をした箇所はその年のチェックボックスに☑を付けましょう。

⊞ テーブル_すべて ⊞ ボード_部屋別

Aa 掃除するところ	☰ 部屋	☰ 掃除するひと	☰ メモ	☑ 2023年	☑ 2024年	☑ 2025年	…
換気扇	キッチン	Ⓡ Rei	フィルターの替えがあるか確認	☑	☐	☐	
排水口	キッチン	Ⓡ Rei	キッチンハイターが必要	☐	☐	☐	
グリル	キッチン	Ⓡ Rei		☐	☐	☐	
電子レンジ	キッチン	Ⓡ Rei		☑	☐	☐	
トースター	キッチン	Ⓡ Rei		☑	☐	☐	
シンク	キッチン	Ⓡ Rei		☐	☐	☐	
コンロ	キッチン	Ⓡ Rei		☐	☐	☐	
食洗機	キッチン	Ⓡ Rei		☐	☐	☐	
冷蔵庫内	キッチン	Ⓡ Rei		☑	☐	☐	
炊飯器	キッチン	Ⓡ Rei		☑	☐	☐	
天井・壁・床	お風呂	Ⓐ Asuka		☐	☐	☐	
鏡	お風呂	Ⓐ Asuka		☐	☐	☐	
浴槽	お風呂	Ⓐ Asuka		☐	☐	☐	
換気扇	お風呂	Ⓐ Asuka		☐	☐	☐	
扉・ドアレール	お風呂	Ⓐ Asuka		☐	☐	☐	
排水口	お風呂	Ⓐ Asuka		☐	☐	☐	
便座・便器	トイレ	Ⓡ Rei		☐	☐	☐	

チェックボックスは直近3年間を用意してみました。**一度今住んでいる家のリストを作成すれば、次の年以降も使い回すことができます。** もちろん、チェックボックスをもっと増やせばずっと使い続けることも可能です。

これなら、毎年「**大掃除って、何をすればいいんだっけ？**」「**去年、どこを掃除していたっけ？**」と悩む必要がなくなるので、大掃除が少し楽になりそうですね。

Point

✔ 部屋ごとに掃除をする箇所がわかる

✔ 家族で共有し、一緒に掃除ができる

✔ 次の年以降も繰り返し使える

5

…
暮らし

5.2 » もっと充実した 長期休みを計画したい！

　学生はもちろん、社会人にとっても貴重な長期休み。やりたいことがたくさんあったのに、ついだらだらと過ごしてしまい、**休みが終わる頃に「あれをやっておけばよかった」と後悔するのは少し勿体ない**ですよね。ここでは、そんな長期休みをもっと充実させるためのNotionページの使い方を解説していきます。

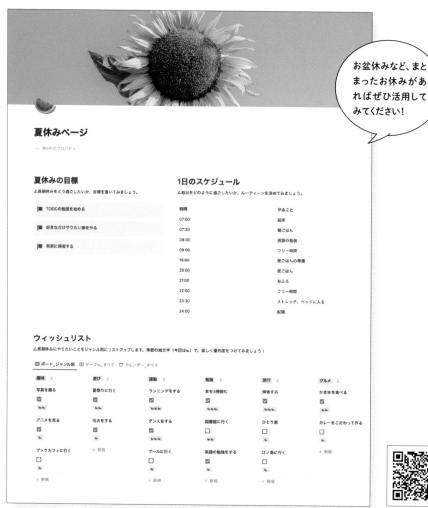

お盆休みなど、まとまったお休みがあればぜひ活用してみてください！

1 長期休みの目標を立てよう

長期休みを有意義に過ごすために、まず初めに休みをどのように過ごしたいか、目標を立てる場所を用意しました。**「これだけはやりたい」**と思うことを、ざっくりでよいので、3つほど書き出してみてください。

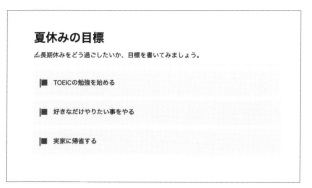

2 1日のルーティーンを決めよう

休みが続くと、いつもは整っていた生活リズムも乱れがちになるものです。**あらかじめ1日のルーティーンを決めておくと、毎日を有意義に過ごすことができるのでオススメ**です。さっそく、「1日のスケジュール」の表に、ルーティーンを書き出してみましょう。

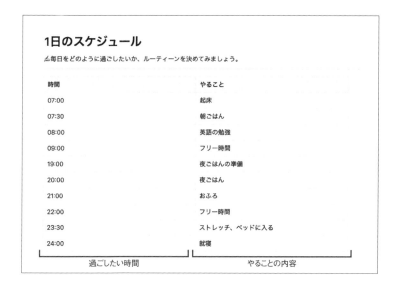

また、勉強や運動など**長期休みに習慣化したいことがある場合は、ルーティーンに組み込んでしまうのもひとつの手**です。例えば先ほど「TOEICの勉強を始める」という目標を立てた方は、ぜひ毎朝英語の勉強をする時間を組み込んでみましょう。

3 「ウィッシュリスト」を書き出してみよう

　最後に、**長期休みにやりたいなと思っていること**を「ウィッシュリスト」に思い浮かぶ限り書き出してみましょう。「ボードビュー」にジャンルが並んでいるので、ジャンルごとに書き出してみてください。

ウィッシュリスト

✍️ 長期休みにやりたいことをジャンル別にリストアップします。季節の絵文字（今回は🍉）で、楽しく優先度をつけてみましょう！

🔲 ボード_ジャンル別　　田 テーブル_すべて　　📅 カレンダー_すべて

趣味　3	遊び　2	運動　3	勉強　3	旅行　3	グルメ　2
写真を撮る	夏祭りに行く	ランニングをする	本を3冊読む	帰省する	かき氷を食べる
☑️	☑️	☑️	☑️	☑️	☑️
🍉🍉	🍉🍉	🍉🍉🍉	🍉🍉🍉	🍉🍉🍉	🍉🍉
アニメを見る	花火をする	ダンスをする	図書館に行く	ひとり旅	カレーをこだわって作る
☑️	☑️	☑️	☐	☑️	☑️
🍉	🍉	🍉🍉🍉	🍉🍉	🍉	🍉
ブックカフェに行く	＋ 新規	プールに行く	英語の勉強をする	江ノ島に行く	＋ 新規
☐		☐	☑️	☐	
🍉		🍉	🍉	🍉	
＋ 新規		＋ 新規	＋ 新規	＋ 新規	

　「帰省する」「ひとり旅をする」といった長期休みならではのこともちろん、「アニメを見る」「かき氷を食べる」など、**どんな小さなことでも OK** です。
　書き出し終わったら、最後に**絵文字で優先度を付けてみましょう**。優先度を付けることで、「これだけはやっておきたい！」と思っていることが明確になるのでオススメです。

---

column

好きな絵文字で
使っていて楽しいページに

デジタルだとちょっぴり業務的になりがちなプライベートのページも、絵文字でひと工夫すれば楽しいページになります。今回のページは夏休みをテーマに、夏らしいスイカの絵文字を使ってみました。

🔲 ボード_ジャンル別　田 テーブル_すべて　📅 カレンダー_すべて

趣味　3	遊び　2	運動　3
写真を撮る	夏祭りに行く	ランニングをする
☑️	☑️	☑️
🍉🍉	🍉🍉	🍉🍉🍉
アニメを見る	花火をする	ダンスをする
☑️	☑️	☑️
🍉	🍉	🍉🍉🍉
ブックカフェに行く	＋ 新規	プールに行く
☐		☐
🍉		🍉
＋ 新規		＋ 新規

また「カレンダービュー」にすれば、ウィッシュリストを手帳のように使うこともできます。やりたい日をあらかじめ決めてカレンダーに追加したり、達成した日付を記録したりと、いろいろな方法で活用できそうです。

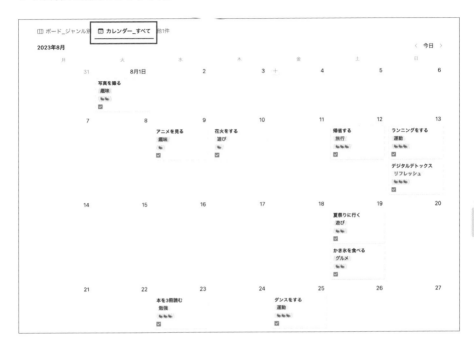

やりたいことが達成できたら、チェックボックスにチェックを付けてみてください。長期休みの最後に、どれくらい達成できたか見返してみると充実感がより増しそうです。

5
…
暮らし

Point
✓ 長期休みを有意義に過ごせる
✓ ウィッシュリストでやりたいことが達成できる
✓ 絵文字を活用して楽しいページに

5.3 ≫ レシピをまとめて 自炊を気楽に

　忙しい社会人が毎日自炊をするのは、大変なことです。特にひとり暮らしだと作るのが億劫になりますよね。毎日作るものを考えて、レシピを探して、スーパーに材料を買いに行く……そういった手間を少しでも軽くしたい。そんな悩みのために、このテンプレートを作りました。

　このテンプレートでは、**自分が作れるレシピをまとめたり、毎日の献立を作ることができます**。レシピサイトを往復する手間や、毎日作る料理を考える時間が少なくなるので活用してみてください。

こうして料理をまとめてみると、もっとレパートリーを増やしたい…という気持ちにもなりますね!

1 ｜ レシピを一箇所に集める

まずは、各種料理サービスやSNSなど、**さまざまなサイトで紹介されているレシピを、** Notionに集めていきましょう。

プロパティ

材料

写真

分量・作り方

「レシピ一覧」のリストから新規ページを作成し、タイトルに料理名を入れます。このレシピリストを他の人と共有する場合は「作る人」を選択し、調理器具や料理のカテゴリーも選択していきましょう。また元のレシピサイトのURLも入れておくと、どのレシピを参照しているかがわかってオススメです。

使う材料は、最後にご紹介する「買い物リスト」と紐づいているため、常に家にある調味料などを除いた材料を選択していきましょう。検索で出てこない場合は、新しくページを作ってください。

最後に、**ページの中に料理の写真や、材料の分量、作り方を入れていきましょう。**

---

column

フィルターを掛けて、レシピを絞り込んでみよう

それぞれのプロパティは、フィルターを掛けて絞ることができます。例えば「作る人」のタグで自分だけのレシピに絞ったり、特定の「調理器具」で作れるレシピだけに絞ったりできます。レシピが多くなって探しづらくなったら、ぜひフィルターも活用してみてください。

---

*クラシル（https://www.kurashiru.com/）に掲載されている公式画像より。

2 | 1週間の献立を立ててみる

レシピを登録したら、次は献立を立てていきます。**献立を決めることで、毎日「今日は何を作ろうか」と考える手間が減ったり、材料のまとめ買いができるようになったりと、少しだけ毎日が楽になる**のでとてもオススメです。

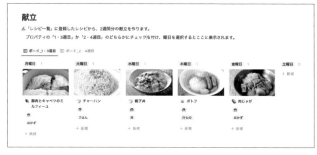

テンプレートの献立は、月の第1・3週と、第2・4週の2パターンの献立を作れるようにしてみました。タブで2週間分を切り替えることができます。もし毎週違うものにしたい場合は、チェックボックスを4つに増やしてもよいでしょう。

献立の登録は、先ほど登録したレシピから、献立に入れたいものを選びます。ページを開き、**プロパティの「1・3週目」か「2・4週目」のどちらかにチェック**を付けたら、あとは**曜日を選択**するだけです。すると献立にそのレシピが表示されます。曜日の変更はドラッグ＆ドロップで簡単に行えます。

3 | 料理をする時はモバイル端末から

料理を作る時は、Notionをスマートフォンやタブレットで開いてキッチンに置くだけです。**その日の献立を確認し、そのまま献立をタップすればすぐに料理を作ることができます。**ページの中に分量や作り方が入っていれば、スムーズに料理ができます。

4 | 買い物リストで、スーパーも気楽に

買い物リスト
✍献立に入れたレシピの材料がここに表示されます。まとめ買いをするときはここを確認しましょう。

⊞ 1・3週目 ∨				⊞ 2・4週目 ∨		
Aa 材料	Q 食材数 …	⊕ カテゴ…		Aa 材料	Q 食材数 …	⊕ カテゴ…
🥔 じゃがいも	2	野菜		🥔 じゃがいも	2	野菜
🥕 にんじん	2	野菜		🥕 にんじん	1	野菜
🥬 キャベツ	1	野菜		🥬 ほうれん草	1	野菜
🥦 ブロッコリー	1	野菜		🥬 キャベツ	1	野菜
🧅 玉ねぎ	3	野菜		🍅 トマト	1	野菜
🌭 ウィンナー	2	肉		🥬 レタス	1	野菜
🥩 豚バラ	1	肉		🥬 小松菜	1	野菜
🥩 豚肉こま切れ	1	肉		🧅 玉ねぎ	1	野菜
🍗 鶏もも肉	1	肉		🧅 長ねぎ	1	野菜
🥚 たまご	2	乳製品		🥩 豚ロース	1	肉
🧀 チーズ	1	乳製品		🍖 鶏ひき肉	1	肉
+ 新規				🍗 鶏もも肉	2	肉
	カウント 11			🐟 鮭	1	魚
				🥚 たまご	1	乳製品
				🧈 バター	1	乳製品
				+ 新規		
					カウント 15	

献立のレシピでフィルターされた材料リスト

スーパーでの買い物って「何をどれくらい買えばよいんだっけ？」と少し頭を使いますよね。この「買い物リスト」はレシピの中で選択した「材料」と紐づいていて、**献立に入れたレシピの材料が自動で各1週間分表示される**ようになっています。これならレシピを一つひとつ開いて材料を確認する手間がなく、迷わず買い物ができます。

ちなみに僕は、買い物は週に一度、ネットスーパーでまとめ買いをしています。スーパーに寄る手間や、重いものを運ぶ手間も省けてとてもオススメです。

column

誰かと一緒に使ってみよう

2人暮らしや家族で暮らしている方は、このページを共有するのがオススメです。僕はパートナーにもここにレシピを入れてもらい、2人で献立を立てて使っています。どちらかが材料をまとめて購入することもでき、これを見ながら一緒に料理をすることもできたりと、2人で使うのもとても便利ですよ。

Point

✓ レシピサイトが
一箇所にまとまる

✓ 献立で毎日の
料理が気楽になる

✓ 材料の買い出しも
効率アップ

5.4 ≫ どんな服を持っていたっけ? は卒業できる

　衣替えや大掃除のタイミングに限らず、Notionを開いている時にふとこのページを見返すと、こんなに服を持っていたんだと驚くことがよくあります。

　Notionで洋服を整理すると、**多く持ちすぎている服を発見したり、このカテゴリーは○着まで**など**服の数を決めて管理することもできます**。持ち物を減らしたい方には特にオススメの使い方です。

> 自分の持ち物が画像にまとまっていると、お気に入りのものだけで揃えたくなったり、無駄なものを減らしたくなるなど、断捨離のきっかけにもなるかもしれませんね!

1 持っている服を登録してみよう

さっそく持っている服をすべてリストアップして、Notion にもうひとつのワードローブを作っていきましょう。

まずは「持っている服リスト」に洋服のページを作ります。トップスやボトムスなどのジャンル、カラー、ブランド、季節などのタグを埋めていきましょう。最後にページの中にその服の画像を入れると、「ギャラリービュー」に画像で表示されます。「持っているか」のチェックボックスも、忘れずにチェックしてください。

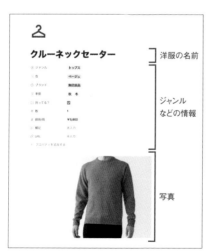

洋服の名前

ジャンルなどの情報

写真

memo

メモしたい項目の種類

ここでは例として、以下をプロパティに追加してみました。思いついたものがあれば、気軽に追加してみましょう。

- ジャンル
- カラー
- ブランド
- 季節
- 持っている数
- 価格

＊ユニクロ（https://www.uniqlo.com/jp/ja/）、無印良品（https://www.muji.com/jp/ja/store）に掲載されている公式画像より。

5

…

暮らし

2 | 欲しい服があったらその場でメモ

ショッピングをしていると、欲しいと思う服に出会っても、もう少しじっくり考えたいと思う時もあります。そんな時のために、**欲しい服リスト**も用意してみました。登録の仕方は、「欲しい服リスト」から新規ページを作成し、持っている服リストと同じように埋めていけばOKです。

スマートフォンでも見ることができるので、**出先で「どんな服と組み合わせられるか？」「似ている服を持っていないか？」**なども確認できます。

自分の持っている服と見比べて、本当に必要なのかじっくり悩むことができるので、僕はこれで無駄遣いもちょっと減った気がします。

3 | 服を買ったらチェックを付けよう

欲しい服リストに登録した服を買った時は、「持ってる？」のチェックボックスにチェックを入れましょう。

欲しい服リストと持っている服リストは実は同じデータベース。チェックボックスで区別をしているので、**チェックを付けるだけで自動的にワードローブに入る仕組み**になっています。

☑ 持ってる？	⊙ ジャンル	Aa アイテム名
☐	帽子	♁ コーデュロイハット
☐	トップス	♁ ニットポロシャツ
☐	トップス	♁ ワークシャツ
☐	トップス	♁ ハーフジップセーター
☐	アウター	♁ ショートブルゾン
☐	ソックス	♁ ラインソックス

（⊞ ギャラリービュー　⊞ テーブルビュー）

4 ワードローブを見返そう

大掃除の時や衣替えの時などに、ぜひ改めて自分のワードローブをじっくり見返してみましょう。「持っている服リスト」のタブを切り替えれば、**トップスやボトムスなど、洋服のジャ**ンルごとに一覧で見ることができます。「トップスばかり持っているな」「ジーンズを買おうか迷っていたけど、昔買ったジーンズがあった」など、意外な発見もあるかもしれません。

また「テーブルビュー」からは、季節やカラー、ブランドなどで細かく絞り込むこともできます。**衣替えの時に季節で絞って、持っている洋服を見直す**といった使い方もできそうです。

持っている服をフィルターをかけて探せる

Point

✓ どんな服を持っているか出先でわかる

✓ 欲しい服リストも兼ねられる

✓ 断捨離のきっかけになる

5.5 》 共同生活の家事を 楽しく分担する方法

家事の分担って、最初はちょっと切り出しにくかったり、決めるのも大変だったりします。でも、**シンプルでかわいい分担表があったら、ちょっと決めるのが楽しくなるかもしれません。**ここでは、実際に活用したページをそのままテンプレートとして作成したので参考にしてみてください。

> もしパートナーにこのページを見せたら、きっとテンションも上がってくれるはず…! 紙やホワイトボードではないという新しさもあり、楽しく分担を決めることができそうです。

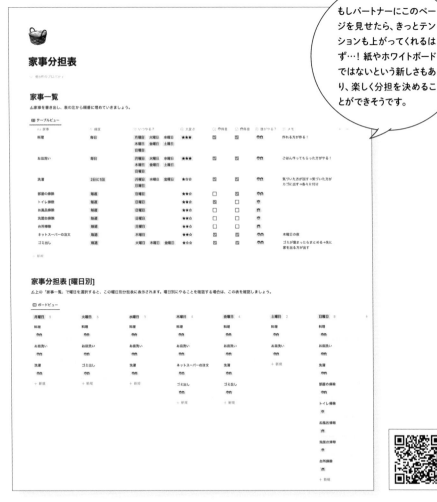

1 まずは「家事一覧」で、家事を洗い出すところから

まずはページ内の「家事一覧」に、分担したい家事をリストアップしていきましょう。「料理」「お皿洗い」など、**なるべく細かく、すべての家事を書き出していく**のがポイントです。

家事一覧

✎家事を書き出し、表の左から順番に埋めていきましょう。

⊞ テーブルビュー

Aa 家事	≡ 頻度	≡ いつやる?	⊙ 大変さ	☑ 得意	☑ 得意	誰がやる?	≡ メモ
料理	毎日	月曜日 火曜日 水曜日 木曜日 金曜日 土曜日 日曜日	★★★	☑	☑	😀😀	作れる方が作る!
お皿洗い	毎日	月曜日 火曜日 水曜日 木曜日 金曜日 土曜日 日曜日	★★★	☑	☑	😀😀	ごはん作ってもらった方がやる!
洗濯	2日に1回	月曜日 水曜日 金曜日 日曜日	★☆☆	☑	☑	😀😀	気づいた方が回す→気づいた方がカゴに出す→各々片付け
部屋の掃除	毎週	日曜日	★★☆	☐	☑	😀😀	
トイレ掃除	毎週	日曜日	★★☆	☑	☐	😀	
お風呂掃除	毎週	日曜日	★★☆	☐	☐	😀	
洗面台掃除	毎週	日曜日	★★☆	☐	☐	😀	
台所掃除	毎週	日曜日	★★☆	☐	☐	😀	
ネットスーパーの注文	毎週	木曜日	★★☆	☑	☑	😀😀	木曜日の夜
ゴミ出し	毎週	火曜日 木曜日 金曜日	★☆☆	☑	☑	😀😀	ゴミが溜まったらまとめる→先に家を出る方が出す

+ 新規

家事をすべて洗い出したら、その家事の「頻度」や「曜日」「大変度」などを決めていきます。お互いに思っている度合いが違う場合もあるので、**2人で話し合いながら決めていく**のがオススメです。

memo

決めたい項目

表には左側からまず以下の項目を入れてみました。他に決めたいものがあれば気軽に追加してみてください。

- やる頻度
- 大変度(★3つ)
- やる曜日
- 担当

2 | お互いの得意・不得意を見える化

家事がリストアップできて、頻度や大変度が決まったら、いよいよ分担を決めていきます。しかし、その前にやってみてほしいことがひとつあります。それは、**自分とパートナーの「得意・不得意を出し合う」**ことです。

いざ生活してみると、お互いの得意・不得意が見えてくるもの。そこで、分担を決める前に自分とパートナーそれぞれで得意な家事にチェックを付けてみましょう。このあとの分担がより一層決めやすくなります。

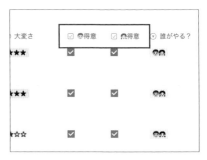

3 | 最後に分担を決定

お互いの得意・不得意を出し合ったら、**あとはどちらがやるかを決めていくだけ**です。共働きの場合はお互いのボリュームが一緒くらいになるように意識しながら、どちらがやるかを話し合って決めていきましょう。

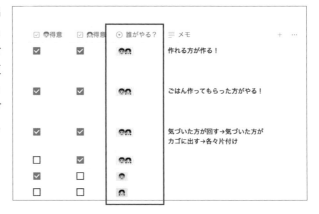

---

column

決めすぎないことも大切!

すべてをかっちり決めすぎてしまうと、プレッシャーになってしまうことがあるかもしれません。例えば料理は「作れる方が作る」、お皿洗いは「作ってもらった方が洗う」というように、きっちり決めない家事もある方が暮らしやすいこともあります。僕も実際に、料理とお皿洗いはそのような分担にしているので、参考にしてみてください。

4 見えるところに分担表を置いてみる

分担が決まったら、自動で「曜日別」の分担表と、「やる人別」の分担表ができ上がります。あとはこの表を見ながら、助け合って家事をこなしていきましょう。見た目もかわいらしいので、家事も捗りそうです。

分担表は、お互いが見えるところに配置しておくのがオススメです。僕はパートナーとの共用のページをNotionで作って、そこに分担表を配置しています。そうすることで見返しやすく**「最近できてない」と気づくきっかけにも**なります。

また「分担をやっぱり変更したい」という時も、担当別の「ボードビュー」なら変更したい家事を動かすだけで、簡単に担当の変更ができます。

家事分担表 [曜日別]
△上の「家事一覧」で曜日を選択すると、この曜日別分担表に表示されます。曜日別にやることを確認する場合は、この表を確認しましょう。

曜日別の家事分担表

家事分担表 [担当別]
△「家事一覧」で誰がやるかを選択すると、担当ごとに家事が表示されます。自分の分担を確認したい時や、分担を見直したいときはこの表を活用してください。

担当別の家事分担表

Point

✓ 家事分担を楽しく決められる

✓ 作った分担表は、パートナーと共有できる

✓ 分担の見直しや、変更も簡単

5.6 ≫ 毎回バタバタの引越しも、一度まとめれば怖くない

　皆さん、引越しは得意でしょうか。僕は毎回バタバタで、引越し当日まで準備が終わらないことがほとんどです。何回経験しても、**引越しの時にやることをいつの間にか忘れてしまって、直前に苦労する**ものです。

　ある時、僕はパートナーとの引越しのタイミングで「**二度と同じ苦労をしたくない！**」と思い立ち、この引越しマニュアルページを作りました。ここでは一般的な引越しの手順や、発生するタスクをまとめる方法を紹介していきます。次回引越しをする際は、ぜひこのテンプレートを使ってみてください。

> 一度引越しの手順をまとめれば、数年後の自分から感謝されること間違いなし！

1 | 引越しが決まったら、やることを書き出してみる

　引越しは、やらなければならないことがとてもたくさん。引越しが決まった途端、「あれもやらないと、これもやらないと」とバタバタしがちです。そんなやるべきことを整理するために、**引越しが決まったら、先にやることをリスト化していきましょう。**

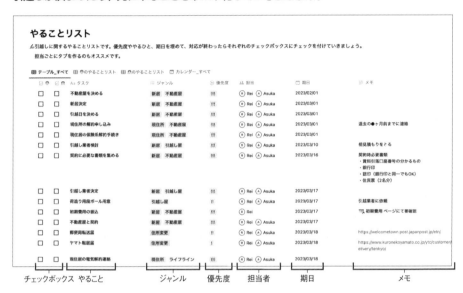

チェックボックス　やること　　　　　ジャンル　　　優先度　担当者　　期日　　　　　　　　メモ

　「やることリスト」に必要なタスクを追加し、「新居に関することなのか」「現住所に関することなのか」や「不動産に関わることなのか」「引越し屋に関わることなのか」など、ジャンルを選択します。優先度を選択したら、次にパートナーなど2人以上で引越しをする場合は担当者を割り当てていきましょう。

　最後に対応期日を入れたら、あとは上から対応していけばOKです。対応し終わったものからチェックを付けていきましょう。

　カレンダービューにも対応しているので、手帳のように確認することもできます。

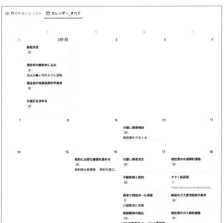

5
…
暮らし

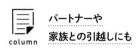

パートナーや
家族との引越しにも

📊 テーブル_すべて	🔘のやることリスト	📊のやることリスト	他1件

	Aa タスク	⊙ 優先度	担当	📅 期日
☐	不動産屋を決める	⊞	Ⓡ Rei Ⓐ Asuka	2023/02/01
☐	現住所の解約申し込み	⊞	Ⓡ Rei Ⓐ Asuka	2023/03/01
☐	引越日を決める	⊞	Ⓡ Rei Ⓐ Asuka	2023/03/01
☐	現住居の保険系解約手続き	⊞	Ⓡ Rei Ⓐ Asuka	2023/03/01
☐	新居決定	⊞	Ⓡ Rei Ⓐ Asuka	2023/03/01
☐	引越し業者検討	⊞	Ⓡ Rei Ⓐ Asuka	2023/03/10
☐	契約に必要な書類を集める	⊞	Ⓡ Rei Ⓐ Asuka	2023/03/16

このテンプレートは、単身の引越しはもちろん、2人暮らしを始める時や、パートナーや家族との引越しにも活用できます。「○○のやることリスト」を選択すれば、その人のタスクだけのタブを作ることもできます。ぜひ引越しをする人とページを共有して、一緒に使ってみてください。

ちなみにこのページは僕が実際に2人暮らしを始める時に作ったので、やることリストもそのまま残しています。足りないタスクがあれば補いつつ、そのまま活用してみてください。

2 初期費用も、自動で計算してくれる

引越し費用は、物件の初期費用だけではなく、引越し代や家具・家電などの購入費、不用品処分代など、意外と細々とした費用が発生します。特にパートナーや友人と引越しをすると、どちらが代表で払ったか、ひとりいくらかなどをどこかに控えておきたいものです。

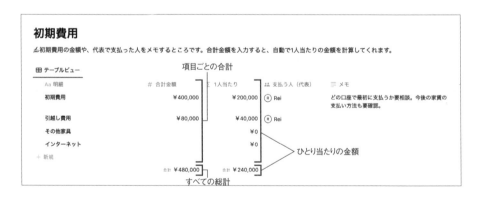

Notionなら金額のメモはもちろん、**総額やひとり当たりの金額を自動で計算**してくれます。引越しに関する費用が発生したら、「初期費用」のリストに項目を追加しましょう。合計金額の欄に金額を入力すると、ひとり当たりの金額が自動で入ります。あとは代表で払った人を選択すればOKです。

ページの中には画像や資料を貼ったりすることもできるので、見積りや領収書もここに保管できます。

3 | 住所変更も忘れない

引越しをしたあと、ホッとして忘れがちなのが住所変更。マイナンバーや免許、銀行など主要なものは「やらなきゃ」と気が回りやすいですが、オンラインショップや登録しているサービスなど、細かなものは忘れがちです。そして、**変更したものと変更していないものも混乱しがち**ではないでしょうか。

そんな住所変更も、あらかじめリストにしてメモしておきましょう。ジャンル分けでわかりやすく、**一度リストを作ってしまえば、次の引越しの時も使い回すことができます。**

住所変更リスト

✍引越し時の住所変更リストです。住所変更が必要なものを洗い出し、やるひとを選択します。
できたらそれぞれのチェックボックスにチェックを入れていきましょう。

▦ テーブル_すべて　　▦ の住所変更　　▦ の住所変更

☑	◉	Aa 住所変更するもの	⊘ タグ	↓↑ 担当	≡ URL・メモ	+ ⋯
☐	☐	郵便局転送届	役所	Ⓡ Rei Ⓐ Asuka		
☐	☐	転出届	役所	Ⓡ Rei Ⓐ Asuka		
☐	☐	転入届	役所	Ⓡ Rei Ⓐ Asuka		
☐	☐	マイナンバーカード	役所	Ⓡ Rei Ⓐ Asuka		
☐	☐	パスポート	役所	Ⓡ Rei Ⓐ Asuka		
☐	☐	銀行①	銀行	Ⓡ Rei		
☐	☐	カード会社①	カード	Ⓡ Rei		
☐	☐	カード会社①	カード	Ⓐ Asuka		
☐	☐	証券会社	銀行	Ⓡ Rei		
☐	☐	会社	会社	Ⓐ Asuka		
☐	☐	携帯会社	その他	Ⓡ Rei Ⓐ Asuka		
☐	☐	楽天市場 配送先	サービス	Ⓡ Rei Ⓐ Asuka		
☐	☐	Amazon 配送先	サービス	Ⓡ Rei Ⓐ Asuka		
+ 新規						

住所変更のリストが確認できるテーブルビュー

登録する時は「住所変更リスト」に住所変更が必要な項目を追加していき、タグでジャンル分けをしましょう。複数人でこのページを使う場合は、「担当」の欄で自分が変更すべきものに自分の名前を選択していきます。

住所変更ができたら、自分のチェックボックスの欄にチェックを付けて完了です。やることリストと同じように、自分のタスクのみのタブも作ることができます。

これなら**チェックボックスで対応したもの・していないものがパッとわかる**ので、「あのサービス、変更したっけ？」と思い出せなくなることもなくなりそうです。

Point

✅ バタバタの引越し情報を整理しよう

✅ パートナーとのタスクやお金の計算もできる

✅ 次回の引越しにも使い回そう

5

⋯
暮らし

5.7 ≫ 自分の知り合いを
リストにまとめてみよう

　皆さんも、知り合いの名前を忘れてしまった経験がないでしょうか。僕は以前、高校の同窓会に参加した際、親しかったはずの知人の名前を忘れてしまいショックを受けたことがあります。**頻繁に連絡を取らなくても、大切にしたい人との関係はずっと覚えておきたい**とその時強く感じました。

　ここでは、知り合いの連絡先等の情報をまとめるテンプレートをご紹介します。高校時代の友達から、会社の先輩後輩まで。**誕生日にメッセージを送ったり、旅行先で会いたい人を調べる時**など、さまざまなシーンで活用してみてください。

改めてまとめてみると、いつの間にか疎遠になってしまっている知り合いが見つかるかもしれませんね！

1 | 自分の周りの人を登録する

まずは「**連絡先一覧**」に連絡先を登録していきましょう。登録する人は、家族をはじめ、友人や会社の同僚まで、自分の周りの思いつく人で構いません。

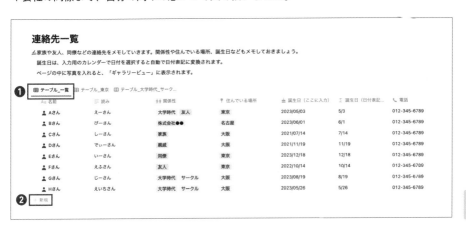

「テーブル_一覧」のタブから、新規ページを作成します。タイトルには登録する人の名前を入れましょう。

次に、**その人との関係性をタグで選択**します。「友人」「大学時代」「アルバイト」など、関係性がわかるように複数選択してみましょう。同じように、**住んでいる場所**もタグで選択します。

その他、誕生日がわかれば誕生日の記入欄に、電話番号やメールアドレスも同様にわかれば記入をしておきましょう。メモ欄は、どこで会った人かや、その人の好きなもの、

趣味などをメモしておくのがオススメです。最後にページの中身に、その人の写真があればぜひ入れておきましょう。

 メモしたい項目の種類

ここでは例として、以下をプロパティに追加してみました。思いついたものがあれば、気軽に追加してみましょう。

● 読み仮名 　　　● 住んでいる場所 　　● 電話番号 　　● メモ
● 関係性 　　　　● 誕生日 　　　　　　● メールアドレス

5
…
暮らし

2 ｜ 連絡先を実際に探してみる

　「あの人に連絡したい」と思った時、ぜひ連絡先一覧を使って連絡をしてみましょう。連絡先を探す方法は、次の2つがあります。

絞り込んで探す

　連絡先が増えてくると、探すのが大変になってきます。そんな時は「フィルター」を活用してみましょう。「テーブルビュー」ではフィルターを掛けて絞ることができるので、「**関係性**」や「**住んでいる場所**」で絞り込むことができます。

---

column

「高度なフィルター」を活用してみよう

　例えば「大学時代のサークル仲間だけ」を探したい時、関係性で「大学時代」と「サークル」のフィルターを掛けると、選択した両方のページがすべて出てきてしまいます。
こんな時は、「高度なフィルター」を使ってみましょう。「フィルターを追加」から、「高度なフィルター」を選択します。ここで「［関係性が大学時代を含む］AND［関係性がサーク

ルを含む］」というフィルターを掛けると、「大学時代」と「サークル」の両方のタグを選択した人だけが出てくるようになります。これは他のテンプレートでも便利に使える小技なので、ぜひ覚えておきましょう。

写真で探す

　ページの中に写真を入れると、「ギャラリービュー」で写真の一覧として見ることができます。写真で見られると、パッと見て探しやすくなりそうです。ぜひその人とのお気に入りの写真を登録してみてください。

3 | こんな活用法も

この連絡先管理のページは、電話帳のような使い方だけでなく、こんな場面でも活用できます。

誕生日が近い時に連絡する

「テーブルビュー」では、わかりやすく誕生日を表示するプロパティも設けてみました。意外と忘れがちな誕生日も、これなら気づくことができそうです。

ページを見た時、いつもお世話になっているあの人の誕生日が近かったら、何かプレゼントを用意してみるのもよいかもしれません。

🎂 誕生日（ここに入力）	Σ 誕生日（日付表記...	📞 電話
2023/05/03	5/3	012-345-6789
2023/05/26	5/26	012-345-6789
2023/08/19	8/19	012-345-6789
2022/10/14	10/14	012-345-6789
2023/12/18	12/18	012-345-6789
2021/11/19	11/19	012-345-6789
2021/07/14	7/14	012 345-6789
2023/06/01	6/1	012-345-6789

❶ ここに誕生日を入力　❷ 月日のみに自動で変換

旅行や出張のタイミングで連絡する

「テーブルビュー」では、「住んでいる場所」でも絞り込むことができます。旅行や出張のタイミングがあったら、ぜひこれを活用してみましょう。

例えば大阪に行くタイミングがあったら、「住んでいる場所」

「大阪」でフィルターをかけた結果

を「大阪」にしてフィルターを掛けてみてください。「久々に連絡を取ってみようかな？」と思う人が見つかるかもしれません。

また**旅行や出張が多い方は、あらかじめよく行く場所でフィルターをかけたタブを用意しておくと、より便利に活用できそうです。**

Point

☑ 知り合いの連絡先をまとめてみよう

☑ フィルターを使って探してみよう

☑ 関係性を記入してもっと使いやすく

5

…

暮らし

5.8 ≫ 平野さんに聞く、2人暮らしでのNotion 活用法

章末インタビュー

Notionをはじめとする新しいツールや、日常の整理整頓が大得意の平野さん。今でこそNotionは日本で話題のツールですが、平野さんはNotionが日本語化される前からのヘビーユーザーです。普段から暮らしでのNotionの使い方を発信されていて、パートナーさんとの情報共有にもNotionを活用しているそう。ここでは、そんな平野さんの**結婚準備や新婚旅行**ページを中心に「**2人暮らしでのNotion活用法**」についてお話を伺いました。

平野太一
X（旧Twitter）：@yriica

Twitterやnoteで、タスク管理、ツール活用法、読んでよかったコンテンツ、買ってよかったものなど、ジャンル問わず紹介している。好きな言葉は、新機能と整理整頓。Notionの推し機能は同期ブロック。

1 共同で編集できるトップページを用意

平野さんにまず見せていただいたのは、2人でシェアしているという共用ページです。

「**2人暮らしに関するトップページをひ
とつ用意していて**、ここにパートナーを招
待して使っています。2人で使うページは
すべてこの中にあって、**この中のページは
一緒に編集することができる**ようになって
ます」

ページ上部にはよく使うページがまと
まっていました。

「これは同期ブロックという機能を活用
して、個人のページに埋め込むために
作りました。すぐにアクセスできるので、
繰り返し見るページはここに入れてブックマークのように使っていますね」

入っているのは、生活費や連絡先などの基本情報から、欲しいものリスト、コーヒー豆をま
とめたページ、スープカレーのお店リストなど、まさに暮らしの中で役立ちそうな情報がたく
さん。

「コーヒー豆はいろいろと買うのですが、何を買ったか忘れてしまうのでここに残していま
す。スープカレーは一時期2人でハマって、行きたいお店をまとめたりしていました。**作った
ページは基本的にそのままアーカイブとして残していますね**」

こうしてページが残っていると、あとで振り返る時が楽しそうですね。

また真似したいなと思ったのが、防災グッズのページ。

「防災グッズって何を持っているのか、食品の賞味期限がいつまでなのかわからなくなりま
せんか?一度作っておくとすごく便利なページだと思います」

他にも、この後ご紹介いただく結婚関連のページや、旅行のページ、クリスマスの記録など、2人暮らし
ならではの記録がたくさん詰まっていて、長い間Notionを使っている様子が伝わってきました。

memo

印象的だった共用の
ページ

- 生活費
- 電話・住所
- 集合写真
- インテリア
- 買ったもの・欲しいもの
- 防災グッズ
- 旅行
- 大掃除
- 引越し
- クリスマスなどのイベント

2 | 入籍までのやることやお金も、Notionで整理

　今回は共用ページの中から、**結婚に関連するページ**を詳しく見せていただきました。ページの中身は大きく分けて**イベント**と、**実際にかかった費用**、**予算**の3項目。

「イベントは、初めに**入籍までにやることをリストアップ**して使っていました。項目は結婚指輪や入籍当日に泊まるホテル、フォトウエディングなどですね。ページの中にもPDFや写真などをメモして使っていました」

　フォトウエディングのページの中には、撮影指示書や当日のスケジュール、衣装についての資料や契約書など本当に細かい情報が。

「撮影指示書はカメラマンさんから要望があったので、ここで作ってURLを送って共有しましたね。好みの写真や撮影シーンの希望、髪型などはこのページでイメージしてもらいました」

イベントの下は、**お金周りのメモ**になっていました。

「最初はいくらかかるんだろうっていうのがわからなかったので、予算のデータベースを作って"これくらいかな?"と概算を入れていました。実際にお金がかかるタイミングで、この「結婚関連費用」のデータベースを作って、**どれくらい使っているのか把握したり、いつ支払いをするのか**メモしたりして使っていました」

改めて振り返っても、入籍までにやることは本当に多かったと語る平野さん。

「お金周りは特に管理が大変で。Notionでやらなくてみんなどうやってるんだろうと思いながらやっていましたね(笑)」

結婚式のようにやることが多く、大きな金額が動くイベントだからこそ、こうして管理できる場所があると本当に安心ですね。

3 │ 新婚旅行などのイベントは、そのまま記録として残る

2人暮らしでの使い方でとてもいいなと思ったポイントは、**Notionで作ったページがそのまま記録として残る**こと。平野さんは旅行やクリスマスなどのイベントごともNotionで計画を立てているそうで、例えば新婚旅行のページもそのまま残っていました。

「新婚旅行はハワイに行ったんですが、Notionで**飛行機の便や当日のスケジュール、準備が必要なものや、かかったお金**をまとめたりして使っていました」

旅行のスケジュールは、いつも2人で役割分担をしているのだそう。

「行きたい場所ややりたいことのアイデアはパートナーが出してくれるので、基本的にはそれを僕がNotionに起こしています。お互いの得意が活かされていますね(笑)」

ちなみに、パートナーとのやりとりはSlackで行っているという平野さん。

5

…

暮らし

「Slackで会話したり、直接喋ったりしてやりたいことを決めて、Notionでそれをまとめるように使っていました」

ページの中には**旅行当日までに買うもの**や、**手配が必要なものを管理するデータベース**もありました。

「フィルターを掛けてチェックが付いていないものだけを表示するビューと、チェックが付いているものだけを表示するビューをタブで分けて使っていました。こうすると未対応のものがわかりやすかったです」

どんな便を使ったか、どのホテルにいくらで泊まったかなど、普通に暮らしていると残らないような細かな情報まで、思い出として残るのが素敵な使い方ですね。

》平野さんの推しポイント

2人でページを
編集できる

「共用のページをひとつ作っておくことで、そのページの中のものは2人で編集できるのがとても便利です」

統一したデザインで、
見た目もわかりやすく

「毎回違うページを作るのが面倒なので、アイコンや区切り線、見出しの大きさなどを自分の中で統一しています。そうすると統一感も出ますし、見た目も綺麗になります」

大切なイベントの
振り返りに

「旅行やクリスマスなど、イベントごとがそのまま残せるところがすごくいいです。あとで2人で "こうだったね" と振り返って使っています」

≫ Chapter

6

お金

6.1 》 サブスクの 無駄遣いにさようなら

　サブスクを整理するのってなかなか気が進まなかったり、整理するタイミングがなかったりしますよね。重い腰を上げて初めてサブスクを書き出した時には、「**こんなに毎月無駄遣いしてたのか**」とびっくりすることもあります。

　とはいえ、サブスクを整理するためだけに家計簿アプリをダウンロードするのも手間だと思います。そんな時こそNotionの出番です。このテンプレートでサクッと整理してみましょう。

> Notionで支払っているものを整理すれば、不要なサブスクを支払い続けていた、なんて失敗もなくせそうですね！

1 登録しているサブスクを、書き出そう

まずは「登録中のサブスク」のリストに、**自分が今登録しているサブスク**をすべて書き出してみましょう。

新規ページを作成し、タイトルにサブスク名を入れたら、「音

登録中のサブスク

登録しているサブスクをここに書き出し、金額や支払い元などを記入します。
すべて書き出したら、「ボード_ジャンル別」のタブでジャンルごとにサブスクを見直してみましょう。
定期的に見直す時期を決めるのがオススメです。

書類名	ジャンル	金額（月）	支払い方法	支払い元カード	支払い元銀行	払い日	HP
Spotify	音楽	￥640	カード決済	カード⑥	銀行⑥	毎月1日	https://www.
Youtube Premium	動画	￥570	カード決済	カード⑥	銀行⑥	毎月16日	https://www.
VSCO	写真加工	￥375	カード決済	カード⑥	銀行⑥	毎月16日	https://www.
Adobe Photoshop / Lightroom	写真加工	￥1,100	カード決済	カード⑥	銀行⑥	毎月25日	https://www.
TickTick	タスク管理	￥242	カード決済	カード⑥	銀行⑥	毎月25日	https://www.
Amazon Prime	動画	￥500	カード決済	カード⑥	銀行⑥	毎月25日	https://www.
Netflix	動画	￥1,490	カード決済	カード⑥	銀行⑥	毎月25日	https://www.

カウント 7　　合計 ￥4,917

楽」「動画」などのジャンルを選択します。金額は月額の料金を入れていきましょう。年額で支払っているものもわかりやすいように月額に直しましょう。

月額の料金を入れていくと、一番下に合計金額が表示されます。この金額が、**毎月皆さんがサブスクに費やしている金額**ということになります。想像していた金額と比べて、どうでしたでしょうか。

サブスクって一つひとつは安価だったりするので、案外サラリと登録してしまいがちです。しかしこうして改めて計算してみると、意外と結構な金額を毎月支払っていることがわかります。

6
お金

✏️ メモしたい項目の種類
memo

ここでは例として、以下をプロパティに追加してみました。他にも年額の費用を入れたり、ぜひ使いやすいようにアレンジしてみてください。

- 継続中かどうかのチェック（チェックを入れましょう）
- ジャンル（音楽・動画…）
- 金額（月額）
- 支払い方法（カード・口座振替…）
- 支払い元カード
- 支払い元銀行
- 支払日
- HP
- メモ欄

📝 サブスクの見直しと一緒に、支払い方法も整理しよう
column

リストには、支払い方法や支払っているカード、引き落とし先の銀行など、支払いに関する項目もメモできるようにしてみました。混乱しがちなお金の出どころも、改めてこの機会に整理してみると、シンプルにできるかもしれません。

金額（月）	支払い方法	支払い元カード	支払い元銀行
￥640	カード決済	カード⑥	銀行⑥
￥570	カード決済	カード⑥	銀行⑥
￥375	カード決済	カード⑥	銀行⑥
￥1,100	カード決済	カード⑥	銀行⑥
￥242	カード決済	カード⑥	銀行⑥
￥500	カード決済	カード⑥	銀行⑥
￥1,490	カード決済	カード⑥	銀行⑥

サブスクを、ジャンル別に見直そう

サブスクを書き出したら、次は「ボード_ジャンル別」のタブに移ります。ここでは先ほど選択した「音楽」や「動画」などのジャンルごとに、登録しているサブスクが表示されるようになっています。

さて、いよいよジャンル別に登録中のサブスクを見直していきましょう。

ジャンルごとに分けて見直すメリットとして、**そのジャンルで被っているアプリがパッとわかる**ので、整理しやすくなります。例えば上の画像を例にして登録しているサブスクを俯瞰してみると、

● 動画のサブスクが3つもあるけれど、どれかひとつ減らせないかな？
● 写真加工アプリが2つあるけれど、どちらかにまとめられないかな？

など、整理するヒントが得られそうです。もしここで「いらないかも」と思ったアプリが見つかったら、見直し大成功です。

「これはこれでよさがあるしな……」となかなか解約しづらいサブスクですが、**ジャンルごとに整理することで、アプリを厳選でき、必要最低限に減らすことができそう**です。

見直すタイミングを決めて、定期的に見直そう

一度サブスクを書き出してこのリストを作ってしまえば、いつでも見直したい時に見直すことができます。「年に1回」「新たにサブスクを登録する時」など、見直しのタイミングを自分で決めて定期的に見直すのがオススメです。

3 ｜ 使わないサブスクを、解約しよう

解約したサブスクはチェックを外す

「いらないかも」と思ったアプリが見つかったら、思い切って解約してしまいましょう。**解約したものは「継続中」のチェックを外すと、自動でその項目が「解約したサブスク」のリストに移ります。**

この時、メモ欄に「なぜ解約したか？」などをメモしておくのも、あとで振り返った時にわかりやすくてオススメです。

こうして一度サブスクを見直して、いらないものを解約すると**「もうこれ以上増やしたくないな」という想いが生まれる**はず。次からサブスクの登録のハードルが、ちょっとだけ上がる気がしませんか？新たにサブスクを登録

≡ メモ ＋

あまり使ってなかったので、写真加工はVSCOを使うことにした。

しようかなと思った時に、「本当に必要かな？」「他のアプリで代用できないかな？」「この前解約したアプリより必要かな？」と、より深く考えることができそうです。

6
‥‥‥
お金

Point

✓ サブスクを簡単に把握できる

✓ ジャンルごとに整理できて、見直しやすい

✓ 解約したサブスクも一覧化

6.2 ≫ ズボラな人にはこんな 家計簿がオススメ

　僕はかなりのズボラタイプで、お金の管理が苦手でした。今では家計簿アプリもさまざまありますが、どうも続けることができません。レシートの写真を撮ったり、クレジットカードの利用額を確認したり、**そもそも家計簿ってもっと簡単にならないのかな**と思う方も多いでしょう。

　ここで紹介する家計簿テンプレートは、そんな**ズボラな人**のために作成し、僕自身も活用しているものです。家計簿がなかなか続かない方は、ここで紹介する方法を試してみてください。

1 カテゴリーごとに生活費の予算を立てる

　皆さんは、毎月何にどれくらいのお金を使っているか、把握していますか？　実際に家計簿を付けていく前に、まずは**毎月の予算をカテゴリーごとに決めてみましょう**。ここには、そのための記入欄を用意しました。

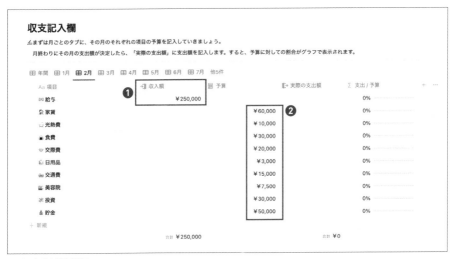

はじめに収入と予算を記入

　はじめに「収入額」のプロパティに自分の給与等を記入しましょう。そのあと「予算」のプロパティに生活費の予算を記入していきます。**カテゴリーは代表的なものを例として入れているので、好きな項目に書き換えたり、追加してももちろんOKです**。趣味の項目などを加えてみてもよいでしょう。

　自分の収入額に対して何にどれくらいのお金が使えるのかを考えることで、「この項目はちょっと節約しないとな」と1カ月の過ごし方を把握できそうです。

column

Notionなら、
好きな項目を好きなだけ作れる

僕は以前家計簿アプリを使っていた時「この項目があればいいのに」と不満に思ったことがあります。課金をすれば解決するアプリもありますが、Notionであれば好きな項目を好きなだけ作ることができます。また、家計簿アプリにはないような特定の趣味など、項目を自由に作ることができるのもうれしいポイントです！

6

お金

2 | 月の終わりに、いくら使っていたか記入する

収支記入欄

まずは月ごとのタブに、その月のそれぞれの項目の予算を記入していきましょう。

月終わりにその月の支出額が決定したら、「実際の支出額」に支出額を記入します。すると、予算に対しての割合がグラフで表示されます。

⊞ 年間 ⊞ 1月 ⊞ 2月 ⊞ 3月 ⊞ 4月 ⊞ 5月 ⊞ 6月 ⊞ 7月 他5件						
Aa 項目	➟ 収入額	▦ 予算	➟ 実際の支出額	∑ 支出 / 予算	+	…
🏷 給与	¥250,000			0%		
🏠 家賃		¥60,000	¥60,000	100% ▬▬		
💡 光熱費		¥10,000	¥13,000	130% ▬▬▬		
🍚 食費		¥30,000	¥30,000	100% ▬▬		
🍴 交際費		¥20,000	¥20,000	100% ▬▬		
🧴 日用品		¥3,000	¥3,000	100% ▬▬		
🚃 交通費		¥15,000	¥9,000	60% ▬		
💈 美容院		¥7,500	¥7,500	100% ▬▬		
📈 投資		¥30,000	¥30,000	100% ▬▬		
🐷 貯金		¥50,000	¥50,000	100% ▬▬		
+ 新規						
	合計 ¥250,000	合計 ¥225,500	合計 ¥222,500			

月末に実際の支出額を入力

　1カ月が終わったら、実際の支出額を記入していきましょう。それぞれの支出額を記入すると、予算に対しての支出の割合がグラフで表示されます。この時、**赤い線が右端まで伸びていたら要注意**です。

　もし100%を超えてしまい「思ったより使ってしまったな……」と思う項目があったら、予算を修正したり、次の月に気をつけて過ごすようにしてみましょう。

---

column

ズボラさんはカテゴリーごとに口座を分けるのが吉

ここまで読んで「やっぱり使った金額を計算しないといけないのか」と思ったズボラな皆さんへ。安心してください。僕もその計算すら苦手なタイプでした。

レシートを保存したり、使った金額の計算すら面倒という方には、銀行口座をカテゴリーごとに作ることをオススメします。例えば、食費は○○銀行で、日用品は××銀行、趣味費は△△銀行で、といった形です。

口座を分けて月初に自動で振り込むようにすれば、口座への入金金額＝各カテゴリーの予算という形になります。これなら月末に口座の残高を確認すれば、予算通りに過ごせていたかがわかります。今まで家計簿が面倒で続かなかった、という方はぜひ試してみてください。

3 | 年間の収支を俯瞰して確認

最後に「月別収支」の欄の解説です。毎月の支出額を記入すると、ここに**年間の収支が自動で表示される**ように設定しています（「収支記入リスト」と「月別収支リスト」の2つのデータベースがつながっています）。

ここでは特に記入することはありません。各月の合計金額や、残った金額（差し引き額）、月全体の予算（カテゴリーごとの予算の合計）に対する実際の割合なども、自動で計算してくれます。

月別収支

✍月ごとに収入合計や支出合計、差し引き額（収入-支出）、予算に対する支出額の割合が自動で表示されます。年間の合計金額も確認できます。

⊞ テーブル_月別

Aa 月	Q 収入合計	Q 支出合計	Σ 差し引き額	Q 予算	∇ 支出/予算
🏆 1月	¥250,000	¥222,500	¥27,500	¥225,500	98.7% ▬
🏵 2月	¥250,000	¥0	¥250,000	¥225,500	0%
👥 3月	¥250,000	¥0	¥250,000	¥225,500	0%
🌸 4月	¥250,000	¥0	¥250,000	¥225,500	0%
🎏 5月	¥250,000	¥0	¥250,000	¥225,500	0%
🐌 6月	¥250,000	¥0	¥250,000	¥225,500	0%
⛱ 7月	¥250,000	¥0	¥250,000	¥225,500	0%
☀ 8月	¥250,000	¥0	¥250,000	¥225,500	0%
🍶 9月	¥250,000	¥0	¥250,000	¥225,500	0%
🍁 10月	¥250,000	¥0	¥250,000	¥225,500	0%
🍂 11月	¥250,000	¥0	¥250,000	¥225,500	0%
⛄ 12月	¥250,000	¥0	¥250,000	¥225,500	0%
+ 新規					
	合計 ¥3,000,000	合計 ¥222,500	合計 ¥2,777,500		

ロールアップを活用して月の収支を自動で反映

その月にどれくらいお金が余ったか、お金を使いすぎている月がないかなど、可視化することでお金をコントロールできそうです。**年間の合計金額も一番下に表示される**ので、1年間のお金の動きも把握できます。

Point

✓ ズボラでも家計簿は続けられる

✓ 予算と使った金額だけ記入しよう

✓ 毎月の収支を簡単に把握しよう

6
……
お金

6.3 » 欲しい商品は
一箇所で管理しよう！

皆さんは欲しいものを見つけたら、どこにメモしているで
しょうか。Amazonや楽天など、**複数のショッピングサイトを
使っていると、一覧して見ることができないので少し不便**です。

そんな時、Notionなら**サイトを問わず一箇所で管理**できます。また、購入したものもログ
としてそのまま残るので、持ち物リストとしても活用できます。

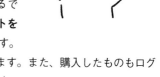
欲しいものがまとめて
見られるので、金額を
比較する時も便利で
すね！

欲しいものリスト

\ 他5件のプロパティ

欲しいものリスト

✍ここに欲しいものをクリップしていきます。Notion公式の拡張機能、「Webクリッパー」を使うと簡単にクリップすることができます。
リストの中から購入したものはチェックを付けると下の「買ったものリスト」に入ります。

⊞ ギャラリー_すべて　⊞ テーブル_すべて

📕 クリッパ

¥2,528

☐

📕 SwitchBot ロボット掃除
機

¥69,799

☐

📕 フライパンジュウ

¥9,980

☐

📕 SwitchBot スマートロッ
ク 指紋認証パッド セット

¥16,702

☐

📕 SwitchBot スイッチボット
スイッチ

¥4,302

☐

📕 Backbone One モバイル
ゲーミング コントローラ
ー

¥16,280

☐

📕 uka（ウカ）Shampoo
Wake up！

¥5,760

☐

📕 Apple AirPods Pro

¥39,800

☐

📕 MOFT Snap バッテリーパ
ック

¥6,990

☐

📕 Anker Nebula (ネビュラ)
Capsule 3 Laser

¥119,900

☐

+ 新規

買ったものリスト

✍欲しいものリストから購入したものの一覧です。

⊞ 欲しいもの一覧　⊞ テーブルビュー

📕 Anker PowerPort III 3-
Port 65W Pod

¥6,990

☐

+ 新規

1 欲しいものを追加してみる

　まずは欲しいもののリストを作っていきましょう。Amazonや楽天など、**複数のショッピングサイトでクリップしているアイテムを「欲しいものリスト」に登録**していきます。大きく、追加の方法は2種類です。

手動で追加する

　手動で追加する時は「欲しいものリスト」に新規ページを作成し、タイトルに商品名を入れて「カテゴリー」を選択します。当てはまるものがない場合は新たに作ってみましょう。

　次に価格と販売サイトのURLを入れ、本文に商品の画像を入れてみましょう。「欲しいものリスト」の「ギャラリービュー」に写真が表示されるようになっています。

6
……
お金

拡張機能を活用する

Notion公式の拡張機能「Webクリッパー」を使うと、販売サイトのページから簡単に「欲しいものリスト」にページを保存できます。

● Webクリッパーダウンロードページ
https://www.notion.so/ja-jp/Web-clipper

拡張機能をインストールしたら、欲しいアイテムの販売ページで拡張機能のアイコンをクリック。自分のアカウントにログイン後、タイトルを編集し、保存先のデータベース「DB_欲しいものリスト」を選択するだけです。**画像も自動で保存される**ので便利です。

拡張機能の保存画面

2 | 欲しい商品をリストから探す

登録したアイテムを探す時は、ギャラリービューから画像で探すのももちろんよいですが、数が増えてくると少し探しにくくなりそうです。そんな時は「テーブルビュー」と「フィルター」を活用してみましょう。

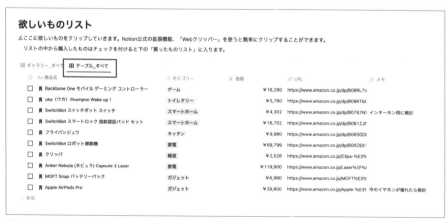

欲しい物を探す時はテーブルビュー

例えば、カテゴリーの「スマートホーム」でフィルターを掛ければ、自分が欲しいスマートホーム製品をすぐに探すことができます。**絞り込むことができると、商品を比較したい時などに便利です。**

---

　88 ギャラリー_すべて　　⊞ テーブル_すべて

　☑ : チェックなし ∨ 　 ≔ カテゴリー: スマートホーム ∨

　　　☑　Aa 商品名　　　　　　　　　　　　　　　　　≔ カテゴリー

　　　☐　🔖 SwitchBot スイッチボット スイッチ　　　　スマートホーム

　　　☐　🔖 SwitchBot スマートロック 指紋認証パッド セット　　スマートホーム

　＋ 新規

カテゴリーでフィルターした結果

3 ┃ チェックを付けて、買ったものリストに反映

　欲しいものリストの中からアイテムを購入したら、「買ったものリスト」に移していきましょう。

　移し方はとても簡単で、チェックボックスにチェックを付けるだけです。「欲しいものリスト」と「買ったものリスト」は同じデータベースを使っています。チェックの有無でフィルターを使い分けているだけなので、**チェックを付けると自動的にアイテムが「欲しいものリスト」から「買ったものリスト」に移ってくれます。**

　新しいものを買いたい時にも、持っているアイテムとの比較ができたり、「同じようなものを持っていた」という失敗もなくせそうです。

6

お金

Point

✓ **複数のサイトの商品をまとめよう**

✓ **カテゴリーごとに整理できる**

✓ **買ったものリストも同時に作れる**

6.4 » 簡単な見積りは Notion で作ろう！

　「見積り」と聞くと、Excel やスプレッドシートなどのフォーマットに項目を埋めていき、ハンコを押して印刷して……といった、少し堅い書類のイメージがあります。でも例えば「**その前に簡単に金額を試算したい**」という時や、「**社内で使うから簡単な見積りでいい**」という場面もあると思います。

　このテンプレートは、そんな**ちょっと気軽な場面**で、**簡単に金額を計算できる**ページです。本格的な見積りを作る時のために、このページをメモとして活用するのもオススメです。

このテンプレートでは、Notion のさまざまな関数を活用しています。ぜひこの機会に、関数の使い方もマスターしてみましょう！

1 実際に見積りを作ってみよう

それでは実際に、見積りを作ってみましょう。必要なタイミングごとに、このテンプレートを繰り返し複製してみてください。また、ここではNotionの「サブアイテム」機能を活用しています。

見積り例

例えば、Webサイトを制作する時。サイト制作には、デザインやコーディングなど、さまざまな工数が掛かります。この見積りでは、**「Webサイト制作」というタスクを「親アイテム」とし、それに紐づくデザインやコーディングなどを「サブアイテム」として表示**しています。

まずは「＋新規」ボタンから、親アイテムを追加しましょう。すると一番左に**トグルボタン**が表示されるので、このボタンをクリック。中に「＋新規サブアイテム」というボタンが出てきます。小項目となるサブアイテムは、このボタンから追加していきましょう。

項目を書き出したら、プロパティに金額を入れていきます。**各項目の単価、数量を入力すると、その項目の「合計」と、「合計（税込）」が自動で表示されます。**また親アイテムの合計金額も、自動で足し上げて表示してくれます。

必要に応じて、業務の範囲などの特記事項がある場合は「詳細」にメモをしておきましょう。これで、見積りの完成です。

トグルの中に項目を入力

税込額は10%で計算しています

6
……
お金

2 │ 関数を使いこなすと、もっと便利に

このテンプレートでは、さまざまな関数を活用しています。自分の思うように関数を使うことができたら、必要に応じてもっと便利な見積りを作ることができます。

苦手意識のある方も多いかもしれませんが、**Notionの関数は意外と簡単**です。ここではそんなNotionの関数の基本構造を、大きく**「縦の計算」**と**「横の計算」**の2種類に分けてご紹介します。

縦の計算

「縦の計算」とは、**データベースの縦の列の合計や平均を出す方法**です。

この計算方法は非常にシンプルです。表の下の枠外にカーソルを合わせると「計算」というボタンが出てくるので、ボタンをクリックします。すると、使える関数の一覧が出てくるので、あとは用途に合わせて関数を選ぶだけです。

例えば合計を計算したい時は「合計」、項目の数をカウントしたい時は「値の数をカウント」など。関数を選ぶと、表の一番下にその計算結果が表示されます。

横の計算

少し難しく感じるのが、横の計算です。でも、基本構造がわかれば簡単にExcelのような掛け算や割り算ができます。

横の計算には、**プロパティの「関数」**を使います。まずは新規プロパティを作成し、「関数」を選択。プロパティの編集画面に関数の「編集」ボタンがあるので、そこをクリックすると関数の入力画面になります。

Notionの関数の基本構造は、例えば「単価」×「数量」などプロパティ同士の掛け算を例にすると、次のような形になっています。

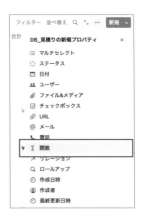

プロパティを選択し、その間をExcelと同じように「*」などでつなぐだけです。

このように基本構造は意外と簡単です。このテンプレートで使われている関数もシンプルなものばかりなので、中身を確認してみてください。また、Notionの関数の数式はいろいろな方が紹介されているので、ぜひ「Notion 関数一覧」などで調べてみてください。

3 | 「サブアイテム」機能を使ってみよう

今回の見積りのように、大項目の中にそれに紐づく小項目を設定したい時は、**「サブアイテム」**の機能を活用してみましょう。

サブアイテムの設定方法は、データベース右上の「…」から、「サブアイテム」を選択し、「サブアイテムを設定」をクリック。

すると、データベースに「サブアイテム」と「親アイテム」のプロパティが作られます。この矢印記号、どこかで見た覚えはないでしょうか。**実はこれは「リレーション」の機能を応用したものです。**

通常、**リレーションでは親子それぞれのデータベースを用意してつなげる必要がありますが、この「サブアイテム」機能はひとつのデータベースでそれを完結できます。**

見積りだけでなく、タスク管理などと非常に相性のよい機能なので、ぜひこのテンプレートで仕組みを理解してみてください。

Point

✓ 見積りは Notion で簡単に作れる

✓ 関数の使い方を理解しよう

✓ サブアイテム機能を活用しよう

6

お金

6.5 ≫ デジタルクリエイターYukaさんの、家計簿を拡張する特別な使い方

　YouTubeでの活動に留まらず、写真や音声、ARフィルターなど、さまざまなクリエイター活動をされているYukaさん。ここではそんなYukaさんのNotionで作った「家計簿ページ」についてインタビューしました。なんとこの家計簿、夫のTakeshiさんと共同で開発した「Notomo」というサービスと連携していて、Web上でわかりやすく振り返ることができるんだとか。家計簿の使い方から裏側の仕組み、連携しているサービスまで、詳細にお話を伺います。

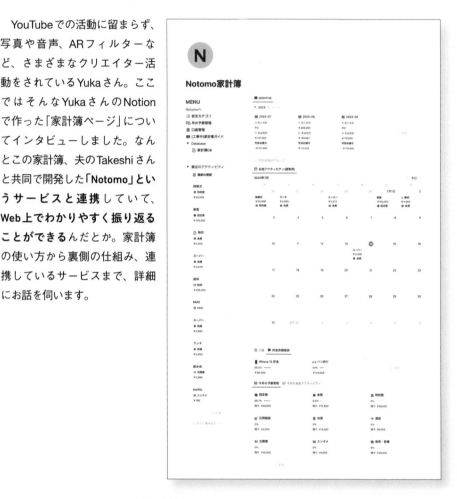

Yuka Ohishi
YouTube：@yuka
X（旧Twitter）：@yukaohishi

ブルックリン在住のデジタルクリエイター。 YouTubeでは、ガジェットレビュー、チュートリアル、Vlogを中心に、テクノロジーを使ってもっとクリエイティブな生活を送るための情報を発信している。夫婦で開発しているNotionを拡張するテンプレートと、 セットで使えるNotomoというWebサービスを運営。Notionの推し機能はリレーション。

Notomo：https://blossomlink.me/notomo

1 | トップページではお金の情報を俯瞰で確認

さっそく、Yukaさんの家計簿ページを見せていただきました。

「トップページはお金周りの状況を俯瞰してパッと見られるようになっています。**月ごとの収支の合計**や、**収支を記録するカレンダー、予算管理のボード**などが入っています」

ページの下部には予算管理ボードも。ここで**あらかじめ決めた予算に対して、今月どれぐらい残っているか**が確認できるそうです。また、口座管理では銀行やカードだけでなく、**貯金の金額も一緒に管理できる**のだとか。

「例えば iPhone 15 のために貯金しようと思ったら、月末にまとめて3万円ずつ移したことにして、積み立て貯金をシミュレーションできます。貯金を封筒に分けるイメージに近いかもです」

使い始める際は、まずは自分に合わせて収支のカテゴリー名や月の予算、口座の情報をカスタマイズしていくそう。

「すべて左上の「MENU」から編集できるようになっています。収入源がひとつだけではない人は収支カテゴリーに項目を追加したり、予算もライフスタイルに合わせて自由に変更・追加してほしいですね」

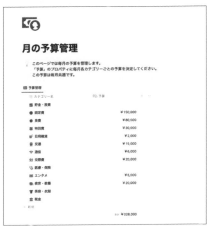

予算管理のボード

カスタマイズ可能な予算項目

6

…

お金

167

2 | 月ごとの収入と支出を記録

　毎月の収支の記録は、月ごとのページから行っていきます。まずはトップページから月ごとのページを開きます。

　「記録の仕方はとてもシンプルで。**その月のページのカレンダーから、その日に発生した収支を記入していくだけです**」

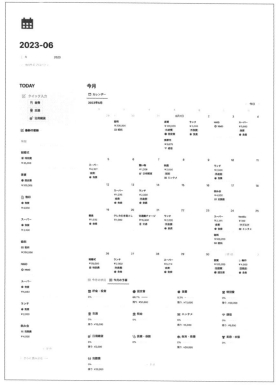

　例えばスーパーで買い物をしたら、カレンダーの今日の日付に新しいページを作成します。

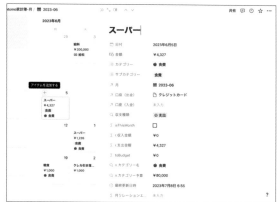

「金額を入れて、カテゴリーを選択します。カテゴリーは最初に設定するページと紐づいているので、自分が作ったカテゴリーが選択できるようになっています」

サブカテゴリーでは、さらに細かいカテゴリーの選択もできました。

そして、この家計簿のページはスマートフォンからの入力にも気を使って作られているのだそう。

「スマホでも見やすいレイアウトにしていて、特に一番上にある**クイック入力は出先でもパッと入力することができて便利**なんです。カテゴリーが自動で入るので、金額と月を選択するだけですね」

クイック入力の欄ではボタン機能が活用されているので、簡単に入力できて便利ですね！

memo

どこまで管理するかは自由！
家族間で共有も。

Yukaさんの家計簿は、僕が本章で紹介した家計簿とは違い、かなり細かく記録をつけられるページになっています。しかし、どこまで使うかやどうやって使うかは自由なのだそう。

「全部を完璧に1円単位でやろうとしなくてもいいし、それをやりたい人はできるというシステムかもしれませんね。例えば私だったら家族としての家計簿というよりは、自分の自由に使ったお金や自分が稼いだお金を管理するために使っています」

もちろん、パートナーとシェアして一緒に編集することもできるので、家族間で共同で使うこともできますね。

3 | Notomoと連携して便利に振り返り

これだけでもかなりすごいYukaさんの家計簿ですが、なんとこの家計簿はNotion上だけでなく、**専用のWebサイト**からも見ることができます。

「**NotomoというNotionのAPIを活用したサービス**を夫婦で作っていて。トップページの「Notomoへ」のボタンを押すと、Notomoにこの家計簿のページをシェアすることができます。**月末に振り返りとして使うのにとても便利**なんです」

Notomoでは、Notionでは見られないグラフも使いながらより便利に1カ月の振り返りができるそう。

「今月どうだったかな？とか、先月と比べてどうかな？というのがわかりやすいので、月末に振り返る時に便利です。しかもこれ、**PDFでダウンロードもできるんです**」

最後に、このようなWebサービスがどのような仕組みで成り立っているのかを伺いました。

「ここは夫のTakeshiの専門領域なんですけど、NotionのAPIについて学ぶとよいと思います。**NotionのAPIは、NotionのデータベースをWeb上でも使えるようにする架け橋**のようなイメージです。普通の

Notomo の Web サイト
（https://blossomlink.me/notomo）

サービスではきっと複雑な文字情報だけど、Notionをそのまま活用できるってすごく画期的なんですよね」

このWebサービス「Notomo」は、家計簿のテンプレートを購入するとセットで利用できるそうです。気になった方はぜひ、URLからチェックしてみてください。

≫ Yukaさんの推しポイント

**入力が簡単で
シンプルな操作**

「裏側はかなり複雑ですが、ユーザーの操作はとてもシンプル。なるべく簡単に使えるようにしたいなと思って作りました」

**前向きにお金を
管理できる**

「コンセプトは、節約するだけではなくて自分がやりたいことに向けてお金を上手に使うための家計簿。貯金の目標や自分への投資もプラスとして考えられます」

**Notomoを使って
振り返りもできる**

「Notomoで月末に一覧して振り返れるのがポイントですね。PDFにも書き出せるので、振り返りの仕方が広がるかなと思います」

≫ Chapter

7

<u>仕事</u>

7.1 » 散らばった会社の情報を整理しよう!

　皆さんの勤めている会社は、社内規定や福利厚生、研修制度などの情報はどこに保管されているでしょうか。大きい会社だとポータルページがある場合もありますが、ほとんどは会社のフォルダの奥深くにあったり、そもそも情報が更新されていない場合もあるかもしれません。

　必要な情報が必要な時に取り出せないのは不便だと思っている方は多いはずです。特に**新入社員が入った時に、情報が一箇所にまとまっていて簡単にアクセスできる**ような場所があったら、もっと便利になりそうです。この「社内Wiki」は、まさにそんな場面で役に立ってくれるページです。

どこにあるかわからず、探しにくいファイルはもう卒業。社内Wikiに会社の情報をまとめて、社内のメンバーと共有して使ってみましょう!

1 会社の情報をリストアップ

　まずは、社内Wikiに入れる情報をリストアップして、ページを作っていきましょう。**必要な情報が何か先に考えてから、最後にレイアウトするのがオススメ**です。

　ページの作り方は、空白の行にカーソルを合わせ、「＋」から「ページ」を選択します。するとその行がページに変換されます。タイトルを入力し、Wikiページの中身を記入していきましょう。

2 ページのアイデア

　テンプレートでは、例としてこのようなページを作ってみました。既にある情報に加えて、もし「あったらよいな」と思うページがあったらぜひ参考にしてみてください。

ランチマップ

Googleマップを埋め込むと便利

社員一覧

このあと紹介する「社員一覧ページ」（7.2節）もオススメ

会社のバリュー

社内規定

その他のページのアイデア

memo

- 最新情報（社内報など）
- 外部に公開する採用情報ページ
- 研修制度一覧
- インターンシップ情報
- 会社の制度紹介
- オンボーディング
- 福利厚生一覧
- など

3 ページをレイアウトして、見やすいWikiに

最初に見てほしいページを「ギャラリービュー」に

新入社員が入社して初めに見てほしいページや、社員が繰り返し使うページは「まずはここから」に振り分けてみましょう。サムネイル画像を挿入すれば、アクセスしやすいページになります。

ページの移動方法は、移動したいページの左端にカーソルを合わせ、「 ⠿ 」のマークをドラッグし、ギャラリービューに持ってくるだけ。ページにカバー画像を入れるとサムネイルになるので、ぜひ好きな画像を入れてみましょう。

その他のページはインデックスへ

その他のページは、「会社情報」や「スキル・研修」など、**いくつかのインデックスを作って振り分けていきましょう。** 移動の仕方は先ほどと同じで、移動したい場所にページをドラッグ＆ドロップするだけです。

これで、社内Wikiの完成です。ぜひ社内の皆さんが便利に使えるWikiを作ってみてください。

会社情報
- ☆ 最新情報
- 🏠 採用情報

スキル・研修
- 🐚 研修制度
- 🍃 インターンシップ

会社制度
- 📄 社内規定
- 🖥 成長支援制度
- 🛡 オンボーディング

福利厚生
- ➕ 福利厚生

7

仕事

Point

✔️ 繰り返し必要になる情報をリストアップしよう

✔️ 会社に合わせてページの中身を編集

✔️ 誰でも見やすいレイアウトを目指そう

7.2 » 社員紹介データベースを 作ってみよう！

　皆さんは、一緒に働いている同僚のことを詳しく知っているでしょうか。会社の人数が多くなってくると、**あの人のことよく知らないな**と思うことがあります。そんな時は、**Notionに社員の情報がまとまっていると便利**です。

　また、会社に新しい人が入ってきた時など、自己紹介をする機会も多くあります。ページの中身をそのまま資料として使うことができる上に、あとから入ってきた人も追いつくことができます。人の入れ替わりが激しい業界にいる方は、こういった情報がまとまっていると特に便利なのでオススメです。

ちなみに、この社員紹介ページは僕の職場でも実際に活用しているものです！

1 ページに社員を招待する

まずは、**社員紹介ページを会社のメンバーにシェア**してみましょう。

会社で既にNotionを使っている場合は、ぜひ全社に共有をしてみてください。使っていない場合は、まずは自分の所属する部署から広めてみるのがオススメです。

シェアの方法は、ページの右上の「共有」から、Notionに登録しているメールアドレスを入力し、招待するだけです。

新入社員が入った時も、まずはこのページをシェアして書いてもらうようにすると、コミュニケーションのきっかけになりそうです。

共有権限を選択可能

2 | 自己紹介を書いてもらう

ページをシェアしたら、さっそく**会社のメンバーに自己紹介を書いてもらいましょう。**「社員一覧」の「テーブルビュー」を使って、まずはプロパティの項目に記入していってもらいます。

社員一覧

✍自分のページを作成し、プロパティを埋めていきましょう。ページの中にも、詳しい情報を入れることができます。
　画像を入れると「ギャラリービュー」に画像が表示され、部署を選択すると「ボードビュー」で部署ごとに社員一覧が見られます。

▦ デフォルトビュー

Aa 名前	☰ 読み	☰ 部署	☰ 肩書	@ メールアドレス	☰ 電話番号	☰ URL（SNS等）
🧑 名前	なまえ	人事	ウェブデザイナー	hogehoge@gmail.com	000-0000-0000	hogehoge
🧑 名前	なまえ	開発	ウェブデザイナー	hogehoge@gmail.com	000-0000-0000	hogehoge
🧑 名前	なまえ	デザイン	ウェブデザイナー	hogehoge@gmail.com	000-0000-0000	hogehoge
🧑 名前	なまえ	マーケティング	ウェブデザイナー	hogehoge@gmail.com	000-0000-0000	hogehoge
+ 新規						

🧑

名前

☰ 読み	なまえ
☰ 部署	人事
☰ 肩書	ウェブデザイナー
@ メールアドレス	hogehoge@gmail.com
☰ 電話番号	000-0000-0000
⏱ 最終更新日時	2023/03/26 14:54
📅 入社日	2023年3月26日
📅 誕生日	1995年12月16日
⇥ URL（SNS等）	hogehoge
☰ 好きなもの・こと	Notion
+ プロパティを追加する	

社員情報

プロパティの項目の種類
memo

ここでは例として、以下をプロパティに追加してみました。
他にも思いついたものがあれば追加してみてください。

- 名前
- 部署
- 肩書
- メールアドレス
- 電話番号
- SNS等のURL
- 入社日
- 誕生日
- 好きなこと（もの）

　項目は一般的な基本情報に加えて、SNSなどのURL、入社日、好きなこと、誕生日なども用意してみました。

　あまり知らない同僚の好きなことやSNSが知ることができると、コミュニケーションのきっかけになることもあるかもしれません。

　また、**ページの中には顔写真や略歴、スキル、趣味など、より詳しい情報を書く欄も設けてみました。**ここを入力しておくと、自分が自己紹介をする時や、新しく入ってきた人への案内に役に立つはずです。

ページの中は具体的なエピソードを

3 いろいろな方法で「社員のあの人」を探す

「名前がわからないあの人」や、「あの部署の誰か」を探したい時。社員紹介ページでは以下のように探すことができます。

写真から探す

ページ内に写真を入れると、「ギャラリービュー」から写真で社員を探すことができます。入社したてでまだ名前が覚えられていない人や、咄嗟に名前を忘れてしまった時などに役に立ちそうです。ここには自分の顔写

真や、趣味の写真を入れても話が盛り上がりそうですね。

部署から探す

ページの最下部では、**プロパティで選択した「部署」のタグごとに社員が探せる**ようにしてみました。

部署ごとに社員の一覧がわかると、他の部署に用事がある時にも社員を探しやすくなります。会社の構造が視覚的にわかるのもメリットのひとつです。ぜひ活用してみてください。

7

仕事

---

column｜お世話になっているあの人へ 誕生日プレゼントを

皆さんは、いつも隣にいる同僚や、チームの上司の誕生日を覚えているでしょうか。毎日一緒に仕事をしているメンバーでも、誕生日は覚えにくいもの。そして、なかなか聞くタイミングもなかったりします。社員紹介ページではこのように誕生日がわかるので、日頃お世話になっているあの人へ、誕生日には感謝の気持ちとしてプレゼントを贈ってみてはいかがでしょうか。

Point

- ✓ 社員を一覧にまとめよう
- ✓ その人の情報や略歴を書いてもらおう
- ✓ 視覚化で探したり理解しやすい

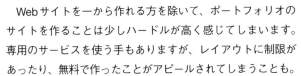

7.3 》ポートフォリオを Notionで公開する方法

　Webサイトを一から作れる方を除いて、ポートフォリオの
サイトを作ることは少しハードルが高く感じてしまいます。
専用のサービスを使う手もありますが、レイアウトに制限が
あったり、無料で作ったことがアピールされてしまうことも。

　Notionのページは簡単に公開できるため、こういった使い方もとてもオススメです。ここ
では、**Notionでお洒落なポートフォリオを作る方法**を、順を追って解説していきます。

> Notionならとても気楽に編集できる上に、Webへの反映も一瞬で終わるところが気に入っています！

1 | 自分のポートフォリオを作ってみよう

さっそく、Notionでポートフォリオを作っていきましょう。テンプレートのポートフォリオの作り方を上から順番にご紹介します。

自己紹介を記入する

まずは、「About」の欄に**自己紹介を記入**しましょう。内容は現在の仕事についてや、これまでどんな仕事をしてきたかを記入してみましょう。仕事だけではなく、個人の活動や、勉強していることなどもアピールできるとよさそうです。

過去の事例を紹介する

続いて、「Works」の欄に**過去の事例**を載せていきましょう。自分が携わった仕事がこうして並ぶと、なんだか少し立派なポートフォリオに見えてきそうです。

「Works」で新規ページを作成したら、事例のタイトルを入れます。**いくつか別の種類の仕事をしている場合は、「タグ」で仕事の種類を選択すると、整理もしやすいのでオススメ**です。

その仕事を行った時期（期間）や、サイトがあればURLも載せておきましょう。仕事内容を補足するような説明もあるとよさそうです。

自分のスキルをグラフで表す

「My skill」では、自分のスキルをグラフで表すことができます。新規ページを作成して、「**レベル**」には**5段階で数字を入れてみましょう。**すると自動でバーで表示される設定になっています。

なかなかアピールしづらいスキルも、こうして載せておくことで、**何がどれくらいできるのかがわかりやすいですね。**

ここでは、職能と言語のフィルターを作ってみました。他にも、資格や免許の表を追加するのもオススメです。

新規から自分のスキルを追加

SNSのリンクを設定する

次に、各種SNSのリンクを貼っていきましょう。「Follow me on」の部分に、代表的なSNSのリンクボタンを用意してみました。

リンクの設定方法は、設定したい文字を選択し、出てくるメニューの中の「リンク」を選択します。URLとリンクのタイトルが入力できるようになるので、ここに自分のSNSのプロフィールURLを貼り付けてみましょう。

これで、**文字をクリックしたら自分のSNSページに遷移する、リンクボタンを作る**ことができます。

表示するタイトルとURLを入力

---

column

コールアウトを活用して、お洒落なリンクボタンに

ちなみにこのSNSリンクは、先頭にアイコンを付けて文字を囲ってくれる「コールアウト」を活用しています。文字の色とアイコンを変更することで、他のSNSに変更することもできます。
アイコンを変更したい場合は、アイコンをクリックし、既存の絵文字から選択するか、「アップロード」で好きな画像をアイコンにすることができます。

連絡先を載せる

最後に、自分の連絡先を貼っておきましょう。ここでは、**メールアドレスをクリックすると、そのアドレス宛のメール画面が開く**ように設定してみましょう。

まずはテキストでメールアドレスを打ち込んだら、先ほどのSNSリンクと同じように、アドレスの文字を選択し「リンク」を選択します。ここでURLの部分に、「mailto:」を頭に加えてメールアドレスを入力しましょう。

すると、メールアドレスがクリックできるようになり、自動で自分宛のメール作成画面が開くようになります。以上で、ポートフォリオの完成です!

2 | ポートフォリオのリンクをシェアしよう

ポートフォリオが完成したら、SNSなどに貼り付ける**URLを発行**しましょう。発行の仕方はとても簡単。**ページ右上の「共有」ボタンの、「Webで公開」をオンにする**だけです。

「テンプレートとして複製を許可」がオンになっている場合、今回はWebページとして機能させたいのでオフにしておきましょう。「Web公開用リンクをコピー」を押せば、URLがコピーされます。

これならお仕事で「ポートフォリオを見せてほしい」といわれた時も、URLひとつで送ることができてとても便利です。

7

‥‥

仕事

Point

✓ ポートフォリオサイトは Notion で簡単に作れる

✓ テンプレートでシンプル & お洒落に構成しよう

✓ 共有設定から Web 上に公開しよう

7.4 » 忙しい就活も Notionなら管理できる

　人生で一度は経験する就職活動。履歴書や面接など、心が折れそうになることもあるかもしれません。ただでさえ難易度の高い就活ですが、当日までのタスクとスケジュール管理を並行して行うことも大変なポイントのひとつです。

　Notionを使うと、**就活の全体像を把握し、スケジュールや応募した企業の情報を一元管理できます**。また、**想定質問集の作成**や、**面接のためのメモの作成**も簡単です。もし、直近で就活の機会が迫っているという方は、このテンプレートで少しでも就活が効率的に進められるとうれしいです。

新卒の就活だけでなく、転職活動にも活用できるテンプレートになっています!これで大変な時期も乗り切ってください…!

1 | まずは全体スケジュールを把握する

就活って期間も長く、やることもとても多いです。僕も当時は何からやればいいのか、どんな順番で進めていけばいいのか、全体像がわかりにくかったのを覚えています。

就活を始める前に、**まずは全体スケジュールを作り、就活の全体像を把握していきましょう**。「全体スケジュール」に大まかなスケジュールの項目を作ってみたので、その年の就活のスケジュールに変更してぜひ使ってみてください。

就活が進んできたら「ステータス」を更新すると、どこまでが終了していて、次に何に取り組めばよいのかがわかりやすいです。

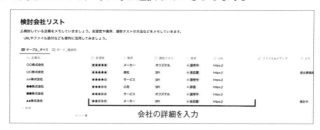

全体が確認できるタイムラインビュー

2 | 検討している会社をまとめてみる

実際に就活が始まり、合同説明会を受けたり就活サイトを見ていると、**気になる企業や応募したいと思う企業**がいくつか見つかるはず。そんな時は、忘れないように「**検討会社リスト**」に**メモ**をしておきましょう。

「検討会社リスト」に新規ページを作成し、タイトルに企業名を入れます。志望度や業界、適性テストの種類などをタグで用意したので、それぞれ選択していきましょう。

また選考の進捗、採用ページ・マイページのURL、ファイル添付、メモなども記入できるようにしてみたので、ぜひ活用してみてください。

会社の詳細を入力

memo

メモしたい項目の種類

ここでは例として、以下をプロパティに追加してみました。
他にもあると便利な項目があれば追加してみてください。

- 志望度
- 業界
- 適性テスト（SPI/オリジナル）
- 進捗
- 採用ページURL
- ファイル

7

仕事

185

3 選考スケジュールを管理する

就活は同時にたくさんの企業の選考が進むので、書類の提出や面接の日程管理が大変。大切な選考の日程を間違えてしまった時のことを考えると、恐ろしくなります。そんな選考スケジュールも、Notionなら簡単に管理できます。

各社選考スケジュール

△各社の選考スケジュールをここで管理しています。会社名を入力し、選考フェーズと日付を選択しましょう。
「検討会社」の欄には上の「検討会社リスト」で作った企業を選択すると、検討会社リストのページからもスケジュールを確認する事ができます。

⊞ テーブル_すべて	⊞ ボード_選考フェーズ別	⊞ カレンダー			
☷ Aa 企業名	⊙ 選考フェーズ	☷ 日付	☰ メモ	↗ 検討会社	
☑ ○○株式会社	エントリー	2024年6月1日		☐ ○○株式会社	
☑ ○○株式会社	会社説明会	2024年6月7日		☐ ○○株式会社	
☐ ○○株式会社	書類選考	2024年6月14日	履歴書・自己PR	☐ ○○株式会社	
☐ ○○株式会社	1次面接	2024年6月21日	オンライン	☐ ○○株式会社	
☑ △△株式会社	エントリー	2024年6月1日		☐ △△株式会社	
☐ △△株式会社	会社説明会	2024年6月6日		☐ △△株式会社	
☑ ■■株式会社	エントリー	2024年6月1日		☐ ■■株式会社	
☑ ■■株式会社	会社説明会	2024年6月5日		☐ ■■株式会社	
☐ ■■株式会社	書類選考	2024年6月13日		☐ ■■株式会社	

締め切りの日付も忘れず入力

エントリー・書類提出の締め切りや、面接の日程が決まったら、「各社選考スケジュール」にどんどん追加していきましょう。 タイトルに企業名を入力したら、選考フェーズと日程を選択します。詳しい選考内容など、覚えておきたいことはメモ欄にメモしておきましょう。

最後に、「検討会社」のプロパティに会社を記入します。この欄は**先ほど作成した「検討会社リスト」とリレーションされているので、作成した企業のページを選択**しましょう。「検討会社リスト」からでも同様に、この選考スケジュールを確認できます。

選考スケジュールは、「テーブルビュー」の他にも、「カレンダービュー」や「ボードビュー（選考フェーズ別）」を用意してみました。

「カレンダービュー」にすると、手帳のように選考スケジュールを確認できます。もちろんここから登録していってもOKです。

カレンダービュー

「ボードビュー」にすると、「未応募」「選考中」「内定」などの進捗別に各社一覧を見ることができます。どの企業が、どこまで選考に進んでいるのかがパッと見てわかりやすいです。

ボードビュー（選考フェーズ別）

4 想定質問集で、面接の準備も

選考が進むと必ず立ちはだかるのが面接です。苦手な人も多いのではないでしょうか。「何を聞かれるかわからない」ので少しドキドキしますよね。

そんな面接を攻略できるアイテムが、この「想定質問集」。**あらかじめ考えられる質問を最低限用意しておくことで、当日の緊張や負担を少し減らすことができます**。僕も就活の時、実際にこのように質問集を作って準備をしていました。

使い方は、**想定される質問を登録して、それに対する回答をひとつずつ記入していくだけ**です。テンプレートには就活の面接で聞かれる代表的な質問を入れているので、まずは入っている質問に答えてみましょう。

面接練習や実際の面接で想定外の質問をされた時は、ぜひ次回に活かせるように質問集にどんどん追加していきましょう。

「検討会社」のプロパティは、先ほどの選考スケジュールと同じように「検討会社リスト」と紐づいているので、実際に面接を行う会社を選択しましょう。**会社によって回答が変わってくる場合もある**と思うので、このようにそれぞれの**会社用のタブを作って対策する**こともできます。

質問を記入するテーブルビュー

○○株式会社専用タブ

7

仕事

Point

✓ 就活の全体スケジュールを把握しよう

✓ 受ける会社のタスクを管理しよう

✓ 質問集を作れば対策も安心

7.5 » 取引先のデータを 集めて活用しよう!

　会社で取引先と仕事をするとき、取引が始まったら契約を結んだり支払いをするために、会社の住所や口座などさまざまな情報をもらいます。皆さんの会社では、そういった情報をどのように管理しているでしょうか。

　このテンプレートでは、**取引先の情報を簡単にメモして管理**できます。自分用のメモをはじめ、**会社で共有すれば取引先管理ツールとしても活用できます**。さっそくこのテンプレートを使って、取引先の情報を整理してみましょう。

> プライベートな情報をNotionで管理することについては会社のセキュリティの考え方によるため、事前に確認することをオススメします!

1 | 会社のメンバーと一緒に使おう

　まずは取引先管理ページに、一緒に使いたい会社のメンバーを招待しましょう。営業のメンバーが複数人いる場合などは、ぜひメンバー全員で使ってみてください。

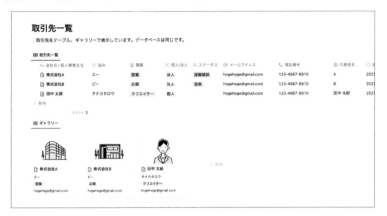

　招待の仕方は、ページの右上の「共有」から、Notionに登録しているメールアドレスを入力します。他のメンバーが編集できるよう、**アクセス権限も忘れずに調整**しておきましょう。

2 | 取引先を登録しよう

　それではさっそく、取引先をNotionに登録していきましょう。「取引先一覧」から新規ページを作成し、タイトルに会社名を入れましょう。

7

仕事

189

次に、読み仮名や職種、その企業との現在のステータス、個人/法人などを埋めていきます。契約状況には、契約済みであればチェックを付けましょう。その他、取引先の代表者の氏名や、メールアドレス、電話番号なども入れていきましょう。

住所から下の項目は、支払いに必要な情報となります。取引先からメールなどで聞いた情報をメモしておきましょう。その他にも、エビデンスとして発注書やメールの内容を添付しておくのもオススメです。

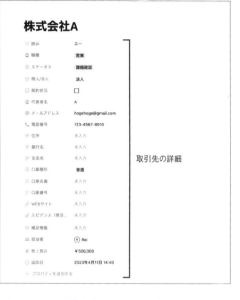

取引先の詳細

memo

項目の内容

テンプレートの項目はあくまで一例なので、ぜひ会社ごとに使いやすい項目にアレンジしてみてください。

- 読み仮名
- 職種
- ステータス
- 個人/法人
- 契約状況
- 代表者名
- メールアドレス
- 電話番号
- 住所
- 銀行名
- 支店名
- 口座種別
- 口座名義
- 口座番号
- WebサイトURL
- エビデンス
- 補足情報
- 担当者
- 売上見込

また、ページの中に企業のロゴなどの画像を入れると、「ギャラリービュー」で画像付きで表示できます。ぜひお好きな画像を入れてみてください。

3 | 顧客ステータスも確認できる

　例えば営業のチームでさまざまな取引先と仕事をしていると、どの会社がどの段階にいるのかわからなくなってしまうこともあります。「ステータス」では、登録した取引先がまだ見込み段階なのか、提案中なのかなど、**ステータスごとに取引先を確認でき、簡易なCRMとして使うことができます。**

　ステータスは取引先を登録する際の「ステータス」のプロパティと紐づいているため、そこで選択したステータスにその企業が自動的に表示されます。**ステータスの移動は、企業のカードをドラッグ＆ドロップするだけで**簡単に移動可能です。

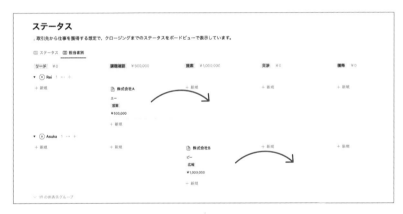

　また**複数人で使う場合**は、ぜひ「**担当別**」のタブを使ってみてください。どの人がどの取引先を担当していて、今どの段階なのかをわかりやすく把握できます。

7
⋯⋯
仕事

Point

✓ **仕事のやり取りを始める時に役立つ**

✓ **取引先の情報は忘れずに整理しよう**

✓ **営業ツールとしても活用可能**

7.6 》 NotionはNotionをどう使っている?
章末インタビュー ## 真似したい組織での使い方

　会社でのNotionの使い方といえば、気になるのはNotion社での使い方。Notionでは、一体どのようにNotionを使っているのでしょうか? なんと今回、マーケティングリードのTakenagaさん、コミュニティリードのKumaさんに、**Notion社で実際に使っているページ**や、**組織でのNotionの使い方**についてお話を伺いました。

Ayame Takenaga

Notion Labs Japan 合同会社
Marketing Lead
企業・個人問わず、日本のユーザー
を対象にしたマーケティング活動全
般を担当している。Notionの推し
機能はデータベース。

Misaki Kuma

Notion Labs Japan 合同会社
Community Lead
Notion Japanのアンバサダーやコ
ミュニティの活動サポートを担当し
ている。Notionの推し機能は同期
ブロック。

1 Notion社のNotion、教えてもらいました!

さっそく、Notion社で使っているページの中身について伺いました。主なページは「**カンパ
ニーOS**」「**ドキュメント**」「**議事録**」など。ページはサイドバーから簡単にアクセスできるように
なっています。

カンパニーOS

会社の目標や経営方針が書いてあるページ

ドキュメント

プロジェクトのゴール設定など仕事に関する資料が保存さ
れている場所

議事録

全チームの会議メモが保管されているので、違う部門のメモ
も見ることができます

さまざまなテンプレート

新しい議事録を作成する画面には、議事録のテンプレート
が山のように作られているそうです。

memo 議事録の中身は、
Notion AIをフル活用！

議事録のテンプレートでは、Notion AIがフル活用
されているそうです。
「プロパティにNotion AIが入っていて。議事録を
書くと自動的に AI が要約してくれるようになって
います」
英語での会議も多いので、翻訳することもできる
AIはとても役に立っているのだとか。
ちなみに、本書ではこのあとNotion AIを活用した
テンプレートもご紹介していますので、ぜひ参考に
してみてください。

お話をもとに作成した議事録のイメージ

2 | タスクを一箇所で管理しているって本当?

　Notion社のNotionのページは「本
当にこれだけなの？」と疑ってしま
うほどのシンプルさ。なんと「**タス
ク**」「**議事録**」**などの全社員が使う
データベースがあり、それぞれの社
員のタスクと議事録が集約されてい
る**そうです。でも、中身はかなり膨
大な量になるはず……。一体どのよ
うに使っているのでしょうか。
　「大本のデータベースにすべての
情報を入れているのですが、基本的
にはページやタブごとにフィルター
で絞った結果を表示して使っていま
す。例えばプロジェクトのタスクで
絞ったページがあったり、自分のタ
スクだけのタブがあったりします」
　「例えばマーケティングチームの
カレンダーには、マーケティングカ

レンダーやブランドガイドラインなど独自のものもありますが、議事録やタスクは大本のデータベースに紐づいていて。マーケティングチームのタグが付いているものだけに絞って表示させているだけなんです」

そこからさらにプロジェクトごとのタスクで絞ったページを作ったりもしているんだそう。

データベースをひとつにしている理由は、**オープンに社内の誰もが他の人の動きやナレッジを見られるようにするため**なのだとか。

「基本的に、みんなオープンに会話しましょうねっていわれていて。それがナレッジシェアにもなるから、権限を編集したり、このデータベースはこの人までと制限することはあまりないです」

Notion社のオープンな社風ならではの素敵な使い方ですね。1on1の記録は自分と上司だけのプライベートページにしたりと、ページごとに各自で調整しているそうです。

3 | 取り入れたい会社での活用アイデア

最後に、Notion社ならではの面白いNotionの使い方もいくつか教えていただきました！

社内Q&A

「全社会議の後にQ&Aセッションがあるのですが、事前に質問を書き込んだり、会議を聞きながら書き込んだりしています。**いいなと思う質問に投票もできて、投票数が多い順に並ぶので**Q&Aセッションでは上から答えていく感じですね」

投票数は、ユーザーのプロパティで自分をアサインするとカウントされる仕組みに。全体会議に限らず、自己紹介の質問などいろいろな場面で活用できそうです。

ユーザーフィードバック

コミュニティリードのKumaさんイチオシのページは、ユーザーフィードバック。確かにNotionはユーザーの声を積極的に取り入れてくれていますよね。

「Notionらしいなと思っていて。Notionに関するフィードバックのメール、X（旧Twitter）、Facebookのメッセージはいいコメントも悪いコメントもすべてここに入っています」

実際に入っているフィードバックの数は、2万件ほどあるのだとか。

社員一覧

新入社員が入ってきた時には自己紹介ページも活用しているそうです。

「自分のイラストレーションと、ページの中は自分の趣味とかを書いていますね。人によって内容はいろいろで、例えばCEOのIvanは出身地の地図をのせていたり（笑）」

「新しく入ってきた人は自己紹介をするんですが、**あまり既存のメンバーが自己紹介をするタイミングがない気がしていて。みんなこれを見ていますね**」

確かに、入社したばかりだと社内のメンバーを覚えるのが大変ですが、これがあるととても便利ですね。

新入社員用にはその他にも、座席表や会社の情報が載っているウェルカムページもあるのだそうです。Notion一箇所で管理できると、新入社員にもとてもわかりやすそうですね。

≫ Takenagaさん・Kumaさんの推しポイント

**アイコンで
わかりやすいページに**

「Notionはページやユーザーなどさまざまな箇所でアイコンが設定できるので、視認性が高くてわかりやすいです」

**好きなように絞れる
フィルター機能**

「データベースがひとつでも、フィルターで自分に合ったビューが作れるのがいいですよね」

**翻訳や要約が
自動でできる AI**

「議事録など、Notion AIを使って自動で翻訳や要約ができるところはとても役立っています」

≫ Chapter

8

Notion AI

8.0 》Notion AIって何だろう?

2023年現在、世間では実用的なAIの登場で、さまざまなサービスが話題になっています。そんな中、Notionにも新しくAIの機能が導入されました。その名も「Notion AI」。**Notion AIでは、アイデア出しを手伝ってくれたり、議事録を要約してくれたり、文章のたたきを作成してくれたりと、さまざまな作業の効率化**に役立ってくれます。

Notion AIを使ってできること

Notion AIはアイデア次第で、さまざまな場面で活用できます。ここでは簡単な例として、NotionがX（旧Twitter）で紹介しているNotion AIの活用法の一部をご紹介します。

より詳細な使い方については、本章と公式ホームページを併せて確認するとイメージが湧きやすいのでオススメです。

● 公式ホームページ（https://www.notion.so/ja-jp/product/ai）

> 本章で紹介するテンプレートの使い方では、Notion AIの機能の活用法についても触れています。ぜひAIを活用して、より便利に、効率的にNotionを使っていきましょう!

SNSプロフィールの素案を考えてもらう

動画制作のアイデアを考えてもらう

ブログの文章を生成したり、表現を修正してもらう　ページの内容に合ったネーミング案を考えてもらう

購入方法

　Notion AIは無料で体験できますが、終了後は通常のプランに追加する形で購入できます。ここでは、Notion AIの購入方法を解説します。

1. まず、サイドバーの「設定」を開きます。

2.「アップグレード」を開き、右上の「Notion AI」の「AIを購入する」ボタンをクリックします。

3. 支払い情報を入力したら、アップグレード完了です。次のページから、さっそくNotion AIを使ってみましょう。

※このページの情報は書籍発売時点のものです。

8.1 》議事録はもっと効率よく作成できる

　皆さんの会社では、会議の議事録を作成する文化はありますか？議事録は会議で決まったことを忘れずに保存したり、参加できなかった人にも内容を伝えられるので重宝されます。

　ただ、会議をすることが本来の目的なので、**なるべく議事録に割く労力は軽くしたいところ**です。ここでは、**簡単に議事録を作成するためのテンプレート**をご紹介していきます。

　また、本節から新機能の「**Notion AI**」を活用します。Notionの内容を理解し、自動で文章を生成してくれる頼りになる存在なので活用してみてください。

議事録テンプレート@今日

日付	未入力
最終更新日時	2023年6月12日 12:49
作成者	Ⓝ Rei
参加者	未入力
会議種別	未入力
＋ プロパティを追加する	

サマリー

議事録を書き終えたら「生成」を押してみて下さい。

> ✦ この議事録の重要ポイントを3点まとめてください。　　　　　　　　生成
> なるべく詳しく書いて下さい。

目的・ゴール

何のための会議か事前に分かるとベストです。

- リスト

資料

事前に見ておくべき資料やURLはここに。

- リスト

議事メモ

会議の内容のメモはここに。

- リスト

決定事項

会議で決まったことはここに。

- リスト

> 議事録のテンプレートがあれば、短時間で読みやすい文章を書くことができますよ！

1 会議の準備をする

会議が始まる前に、まずは議事録の準備をしていきましょう。「議事録一覧」から、新規ページを作成します。

ページを作成すると、自動でページのタイトルに今日の日付が入り、プロパティの「日付」と「最終更新日時」にも日付と時間が入るようになっています。

「作成者」にもページを作成した人が入るので、あとは残ったプロパティの「参加者」と「会議種別」を埋めていきましょう。

また、**ページの中の「目的・ゴール」も先に埋めておくと、スムーズに会議を始めることができそうです。**

事前に見ておいてほしい資料がある場合は、「資料」の項目に貼っておきましょう。

議事録のページの中身

8

Notion AI

2 | 議事録を共同で編集する

さっそく、議事録をNotionに記入していきましょう。**この議事録は、会議に参加するメンバー全員で共同編集しながら作成**するのがオススメです。

会議が始まったら、**「議事メモ」に書き込みながら会議を進めて**いきます。

最終的に決まったことは「決定事項」に残しておくと、誰かに議事録をシェアした時に決定したことがすぐにわかるのでオススメです。

また、会議の中で**タスクが発生したら、「ToDo」の欄にメモ**しておきましょう。

---

column

次回のToDoは
データベースにするのもオススメ

今回のテンプレートではテキストでタスクを書き出していますが、もし会社で共通のタスクデータベースがある場合は、そのリンクを貼り付けるのもオススメです。議事録のテンプレートを編集したい時は、データベースの新規ボタンの横にある「…」ボタンを開き、編集したいテンプレートを選択しましょう。

3 ❘ Notion AIに議事録を要約してもらう

　ここまでの内容でも十分にオススメできますが、さらにNotion AIを活用する方法を解説していきます。**議事録を書き終えたら、Notion AIに議事録の要点をまとめてもらいましょう。**

　「サマリー」の紫枠の右上の、「生成」というボタンを押してみてください。すると、このようにNotion AIが、**議事録の重要ポイントを3つまとめてくれる**ようになっています。会議に参加できなかった人も、あとからここさえ読めば会議の内容がわかるようになって便利です。

　もしAIの書いた文章に問題がある場合は、紫色の枠の中の文章を書き換えて、もう一度「生成」を押してみてください。細かな日本語のニュアンスの違いによっても生成される文章が変わるため、会社の仕事内容に合わせて調整してみてください。

サマリー

議事録を書き終えたら「生成」を押してみて下さい。

> ✦ この議事録の重要ポイントを3点まとめてください。　　　　　　　　　　　生成
> 　なるべく詳しく書いて下さい。

AIに依頼する内容を記入

サマリー

+ ⠿
- 新しい商品の開発についてアイデアを出し合い、最終的な方向性を決定することが目的。
- アイデア出し合いの中で、ユニークな形状のパッケージ、環境に優しい素材の使用、日本の文化を取り入れたデザインが提案され、最終的な方向性として採用されることに決定した。
- 次回までに、パッケージのデザイン案、環境に優しい素材についての調査、日本の文化を取り入れるアイデアについての提出が求められている。

AIが生成してくれた内容

Point

✓ テンプレートがあれば、素早く綺麗な議事録が書ける

✓ メンバー全員で共同編集も可能

✓ 最後は Notion AI に会議を要約してもらおう

8.2 ≫ プロジェクト管理を マスターしよう!

　仕事でのNotionの最も代表的な使われ方は、大規模なプロジェクトのマネジメントです。IT企業かどうかにかかわらず、何かを仕事として進行する場合はそのプロジェクトを管理する必要があります。スケジュールをExcelで管理している方もいるでしょう。

　ここで紹介するテンプレートでは、プロジェクトの長期スケジュールと、それに紐づくタスクを管理できます。カスタマイズ性の高いNotionなので、プロジェクトの大小によって調整しながら使うことができます。

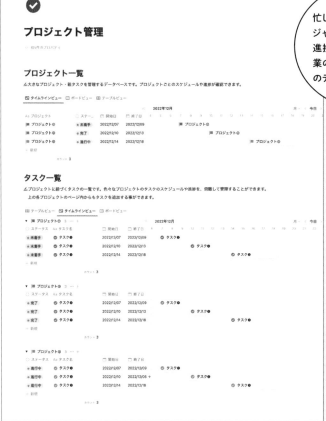

忙しいプロジェクトマネージャーをはじめ、仕事の進捗を管理するような職業の方には特にオススメのテンプレートです!

1 プロジェクトを登録し、共有する

まずは「プロジェクト一覧」のデータベースに、**プロジェクトを登録**していきましょう。

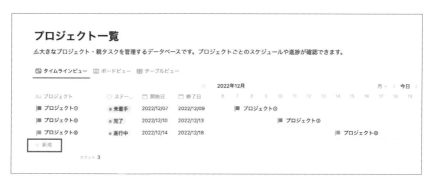

新規ページを作成したら、タイトルにプロジェクト名を入れます。ステータスを選択し、種別やプロジェクトの担当者、スケジュール（開始日・終了日）などのプロパティを埋めていきます。

ページの中身には、作ったプロジェクトのフィルターがかかった「タスク管理」データベースが貼り付けられています。**ページを共有することで、そのプロジェクトに関わるタスクをメンバー全員で確認できる**ようになります。

ページ内に表示されるタスク一覧

8
⋯⋯
Notion AI

タスクを登録し、スケジュールを立てる

タスク一覧

✐プロジェクトに紐づくタスクの一覧です。色々なプロジェクトのタスクのスケジュールや進捗を、俯瞰して管理することができます。

上の各プロジェクトのページ内からもタスクを追加する事ができます。

⊞ テーブルビュー ▤ タイムラインビュー ▥ ボードビュー

▼ ▦ プロジェクト① 3 ⋯ +   2022年12月   月 ∨ 今日

◻ ステータス	Aa タスク名	🗓 開始日	🗓 終了日	4	5	6	7	8	9	10	11	12	13	14	15	16	17	18	19	20
⊛ 未着手	✓ タスク❶	2022/12/07	2022/12/09 →						✓ タスク❶											
⊛ 未着手	✓ タスク❶	2022/12/10	2022/12/13										✓ タスク❶						
⊛ 未着手	✓ タスク❶	2022/12/14	2022/12/18															✓ タスク❶	
+ 新規																			

カウント 3

▼ ▦ プロジェクト② 3 ⋯ +

◻ ステータス	Aa タスク名	🗓 開始日	🗓 終了日
⊛ 完了	✓ タスク❶	2022/12/07	2022/12/09
⊛ 完了	✓ タスク❶	2022/12/10	2022/12/13
⊛ 完了	✓ タスク❶	2022/12/14	2022/12/18
+ 新規			

カウント 3

▼ ▦ プロジェクト③ 3 ⋯ +

◻ ステータス	Aa タスク名	🗓 開始日	🗓 終了日
⊛ 進行中	✓ タスク❶	2022/12/07	2022/12/09
⊛ 進行中	✓ タスク❶	2022/12/10	2022/12/06 →
⊛ 進行中	✓ タスク❶	2022/12/14	2022/12/18
+ 新規			

ページトップのタスク一覧

　次は、プロジェクトに関わるタスクを登録し、細かいスケジュールを立てていきましょう。**ページトップの「タスク一覧」データベースと、各プロジェクトのページ内のタスク一覧は同じもの**なので、どちらからタスクを登録してもOKです。

　タスクの登録方法は、トップもしくはプロジェクト内から新規ページを作成し、タイトルとステータスを設定します。

　次に、そのタスクを行うスケジュール（開始日・終了日）を設定しましょう。**スケジュールは「タスク一覧」の「タイムラインビュー」を活用すると、調整もバーを動かすだけなのでオススメ**です。

　担当者もあとからフィルターが掛けられるように選択しておきましょう。

　また、**各タスクの中のさらに細かいタスクは、担当者がわかりやすいようにページの中に書く**のがオススメです。

3 フィルターやNotion AIで進捗を確認する

プロジェクトが進んでくると、スケジュールやタスクの進捗が気になります。そんな進捗管理も、Notionなら簡単です。メンバーはもちろん、責任者も同じように確認できるので、チームのメンバーがどんな動きをしているかがとてもわかりやすそうです。

「担当者」でフィルターを掛ければ、自分のタスクや進捗を確認したいメンバーのタスクを一覧で見ることができます。

それぞれの進捗を確認できるタイムラインビュー

また、タスク一覧のデータベースには「**Notion AIを使ったプロパティ**」を用意しました。なんとNotion AIは、ページ内の文章だけでなく、データベースのプロパティでも使うことができるのです。ここでは「AI：カスタム自動入力」というプロパティを選択しています。

Notion AIの「何を生成しますか？」の欄に命令文を記入すると、ページの内容に応じてタスクの進捗を教えてくれるようになります。ここではタスクが3つ終わっているので「2つのアクションが残っています」と記載してくれています。他の人が進捗を確認する時などに便利なので、ぜひ活用してみてください。

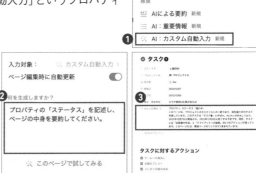

Point

✓ プロジェクト管理ページを共有しよう

✓ 紐づくタスクを管理しよう

✓ 進捗はフィルターや AI で確認しよう

8

Notion AI

8.3 ≫ アイデア出しもNotionに 手伝ってもらおう！

　皆さんは新しいアイデアを考える時、どんなツールを使っているでしょうか。僕の場合は紙やiPadに直接書き出すこともありますが、Notionを活用することもかなりあります。その日の気分に合わせて、ツールを使い分けられると便利です。

　ここではさまざまなNotionでアイデアを出す方法をご紹介します。 ひとつでも皆さんの気に入るものがあるとうれしいです。もちろん、Notion AI も登場します。

> 一味違うNotionの使い方になっているので、複製していろいろと触ってみてくださいね！

1 付箋を追加するように Notion を使ってみる

まずは、最もシンプルなブレストの方法からご紹介します。ブレストといえば「付箋にアイデアを書いて並べる」というやり方が多いのではないでしょうか。ひとつ目は、それを Notion に置き換えたものです。

使い方は、会議の前や会議中にブレストをするメンバー全員でこのページを開き、付箋にアイデアをどんどん書いていくだけです。

付箋を追加する時は、左上の「●●さんの付箋を追加する」のボタンを押すだけで簡単に増やすことができます。

紙の付箋だと、会議室に集まってホワイトボードに貼っていく必要があります。しかしこれならリモートでもでき、また会議の前に各々ブレストしてくる、という使い方も可能なので、会議をより有意義な時間にすることができそうです。

ボタンを押すと付箋が追加できる

---

column

「ボタンブロック」でさらに使いやすく

「ボタンブロック」を利用すれば、繰り返しの動作をボタンにすることができます。今回の場合は「付箋を追加する」という動作をボタンにしてみました。設定の方法は「＋」から「ボタン」を選択し、「ブロックを挿入する」という動作を選んだら、ボタンを押した時に挿入したいものを枠の中に作っていきます。いろいろと応用が利くので、覚えておいて損はない技のひとつです。

2 アイデアを書き出し、優先度を付けてみる

2つ目のブレスト方法は**「アイデアを表に書き出し、評価する」**という方法です。ここでは「アイデアを書き出す」ボードと、「優先順位を考える」ための2つのボードを用意してみました。

アイデアを表に書き出す

まずは、アイデアを表に書き出していきましょう。使い方は至ってシンプル。会議の場などで、表の「アイデア」の欄に思いつくアイデアを書き出していきます。

ブレストができたら、次はそのアイデアをメンバーで★3つで評価していきます。そして、最終的に採用するものには「採用する？」にチェックを付けましょう。

次のボードでは、アイデアの優先度を決めていきます。そのため、最後に「優先度」のタグを何でもいいのでいずれかひとつ付けておいてください。

テーブルビューでアイデアを書き出す

アイデアを優先度で分ける

アイデアを表に書き出して、もし採用するアイデアに困ったら、次はそのアイデアを4つの優先度に分けていきましょう。この分類法は「アイゼンハワーマトリクス」と呼ばれています。

このボードは先ほどの表と同じデータベースのため、最後に付けた「優先度」のタグごとにそのアイデアが表示されていると思います。アイデアは**緊急度や重要度に応じて下の4つの優先度から決めていきましょう。**ボードの中のアイデアは、ドラッグで簡単に動かすことができます。

memo
メモしたい項目の種類

ここでは以下をプロパティに追加しています。他にもあったら便利だなと思うものは、気軽に追加してみましょう。
- アイデアの評価（★3つ）
- 採用するかどうかのチェックボックス
- 優先度

column
「コールアウト」を活用して、見た目もわかりやすく！

4色で見た目も楽しいのが、このボードです。実は「コールアウト」ブロックの中にデータベースをドラッグ＆ドロップで入れて作っています。こうすることでデータベースに色を付けることができます。Notionではさまざまなブロックのアイコンや文字の背景色を選ぶことができます。このように色を取り入れると、見た目もわかりやすく、少し気分も上がりそうです。

3 | Notion AIに助けてもらう

このブレストページでは、最後にNotion AIを活用したブレストを2つ用意してみました。アイデア出しに困ったら、Notion AIに頼ってみましょう。

Notion AIに質問をしてもらう

ひとつ目は、**自分がアイデアを出しやすいように、AIが自分に質問を投げかけてくれる**というものです。

「目的・課題」にブレストの条件を記入したら、紫の枠の右上の「生成」ボタンを押すと、記入した条件に沿った質問をAIが考えてくれます。アイデア出しで行き詰まった時、別の視点が見つかるかもしれません。

もし質問の内容を変えたい場合は、紫の枠内を直接編集するか、ボタンの設定マークをクリックして中身を編集してみてください。思った精度が出ない時は、細かな言葉のニュアンスを変えてみましょう。

質問生成ボタンでNotion AIを簡単に呼び出し

アイデアそのものをNotion AIに出してもらう

2つ目は、**ブレストのアイデア自体をAIに出してもらう方法です。**

同じように「目的・課題」にブレストの条件を記入したら「生成」ボタンを押すと、なんとAIが条件に沿ってアイデアを考えてくれます。

ここでは「Notionをもっと多くの人に使ってもらうための30個のアイデア」を生成してもらいました。自分では思いつかなかったアイデアが生まれることがあるかもしれません。

Notion AIに依頼する内容

Notion AIが出してくれたアイデア

8

Notion AI

Point

✓ いろんなアイデアの出し方を見てみよう

✓ 採用する時は優先度づけがオススメ

✓ 行き詰まった時は、Notion AI に助けてもらおう

8.4 » SNS投稿を一箇所で 管理する方法

　僕は普段、Notionの発信をSNSで行っています。メインの場所としてYouTubeを使っていますが、X（旧Twitter）やnoteでも同時に発信をしています。同じように、**個人で複数のSNS発信を行っている方**は多いのではないでしょうか。でも、複数のSNSに同時に意識を向けるのは、結構体力がいります。

　今回は、そんな**複数のSNSの投稿管理や分析を、一箇所で管理できるページ**を作ってみました。Instagram、X（旧Twitter）、YouTubeの3つのページを用意していますが、項目を変えてもお使いいただけます。ぜひ、AIも活用しながらSNS投稿を計画してみましょう。

個人で使用するのはもちろん、企業でSNSを運用している方の投稿管理や分析にもオススメです！

1 管理したいSNSのページを開く

SNSプランナーの中には、Instagram、X（旧Twitter）、YouTubeの3つのページが入っています。さっそく、自分が管理したいSNSのページを開いてみましょう。

それぞれのページの中には、各プラットフォームの「投稿管理・分析」と「フォロワー進捗」が入っています。ここではInstagramを例に、使い方をご紹介していきます。

2 投稿のアイデアを考え、記入する

「投稿管理・分析」では、これひとつで**投稿のアイデア出しから投稿内容の作成、投稿後の分析まで**ができるようになっています。

まずは、投稿したい内容を考えてみましょう。投稿のアイデアが浮かんだら、タイトルの

テーブルビューにアイデアを書き出す

「投稿アイデア」の部分にメモをしつつ、ジャンルのタグを選択するとあとからわかりやすくなります。

column

フォロワーの目標は
楽しみながら達成したい

SNSを運用していく上で、フォロワー数は大事な目標です。「フォロワー進捗」の部分では、そんな目標をちょっと楽しく管理できるように構成してみました。ゲーム感覚で楽しみながら発信が継続できそうです。

8

Notion AI

3 | 困ったら、Notion AIに考えてもらう

　投稿の内容や実際の投稿文を考えるのって、頭を使うし結構大変。そんな時は、便利なAIを活用してみましょう。

　各投稿のページを開き、空白の行にカーソルを合わせて「+」ボタンか「/ai」を打ち込み、「AIに依頼」を選択します。

　AIに依頼する内容を書くことができるので、今回は「ページタイトルに合わせたInstagramの投稿文章を考えてください。」と打ち込んでみます。

　するとこのように、**AIが自動で投稿内容を作成**してくれました。細かい部分を調整したら、あっという間に投稿内容の完成です。

Notion AIに依頼する内容を選択

Notion AIに依頼する内容

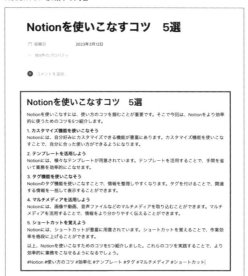

Notion AIが書いてくれた投稿文

4 コンテンツカレンダーで発信予定を確認

進捗の管理も簡単

「投稿管理・分析」では、ステータスを管理することもできます。コンテンツを作っている時は「作成中」に、投稿をし終わったら「投稿済み」に変更しておきましょう。

また投稿が完成し、投稿日を決めたら「投稿日」の欄に日付を入れてみましょう。すると、その下のカレンダーから投稿予定が確認できます。

また、**トップのページでは、すべてのSNSの投稿予定が確認できます。**複数のSNSに同時に意識を向けるのは大変ですが、これなら全体を俯瞰できそうです。

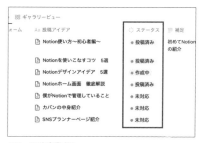

ステータスを変更する

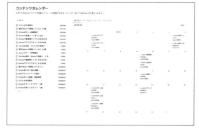

すべての投稿予定が一覧できる

投稿を分析する

投稿が終わったら、最後は投稿を分析してみましょう。ここでは例として、各SNSのインサイト（アナリティクス）に共通するような、リーチ、いいね数、保存数などを項目にしてみました。

ある程度投稿が溜まったら数値を見比べてみると、どういった投稿の反応がよかったかがわかり、アイデア出しや次の投稿に活かせそうです。

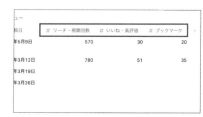

掲日	# リーチ・視聴回数	# いいね・高評価	# ブックマーク
年5月9日	570	30	20
年3月12日	780	51	35
年3月19日			
年3月26日			

分析数値を記入

Point

☑ SNS の投稿も Notion で管理しよう

☑ 困ったら Notion AI を頼ろう

☑ 進捗管理や分析も一箇所で

8

Notion AI

215

〉著者プロフィール

Rei（片山 怜）

Notion 公式アンバサダー / コンテンツクリエイター
YouTube チャンネルとWebメディア「暮らしとNotion。」を運営。IT 企業で
PM として働きながら、Notion の活用術やオリジナルテンプレート、暮らしに
役立つモノなどを紹介している。YouTube の登録者数は1万5千人を突破
（2023 年11月現在）。

YouTube	https://www.youtube.com/c/rei-wkndcreator
X（旧 Twitter）	https://twitter.com/rei_wkndcreator
Web メディア	https://www.kurashi-notion.com/
テンプレートストア	https://store.kurashi-notion.com/

執筆協力	みのくるみ
ブックデザイン	武田厚志（SOUVENIR DESIGN INC.）
DTP	永田理恵（SOUVENIR DESIGN INC.）
イラスト	冨田マリー
編集	関根康浩

ノーション
Notion ライフハック
暮らしに役立つ36のアイデアとテンプレート

2023 年11月8日 初版第1刷発行
2024 年 6月5日 初版第4刷発行

著 者	Rei（レイ）
発行人	佐々木 幹夫
発行所	株式会社 翔泳社（https://www.shoeisha.co.jp）
印刷・製本	株式会社 広済堂ネクスト

© 2023 Rei